U0179813

后浪出版公司

茶叶侦探

曾园——著

四川人民出版社

序

别人谈茶，先动嘴。

曾园谈茶，先飞腿。

唐德刚抱怨曹雪芹红楼中人都看不到脚，他还指望某人不经意间露出脚，看看是大还是小，好教人辨认描写对象是汉人还是满人。曾园感叹眼下茶界一线制作者也把那双揉茶的大脚收起，收得如此刻意，茶叶侦探再也无着眼处。

我们还天真地以为，茶叶里那残留的汗水，会指点我们感知这茶出自一位 16 岁的傣族少女之脚？她一定得到佛祖的眷顾，依稀有着莲花的模样。

茶叶大盗罗伯特·福琼到安徽访茶，看到这里品茶专家都把第一泡茶倒掉，说什么头道姑娘二道茶，倒掉第一道茶水以为是过滤砂子泥巴什么的，但他万万没有想到是为了消除脚气。

我在一张古老的照片上，看到祁门红茶有一个用脚揉捻茶的环节，现在这场景已经不再。在十三行门口装载茶箱的外国人并不觉得用脚有什么，从大量的照片、绘画以及文字流程，我们便可以知晓，必须用脚使劲踩过的箱子才能装更多茶。

2004年我去云南云县某茶厂采风，一位胸口正在流汗的资深胖子穿着拖鞋沓沓而来，他身后小山似的熟普堆子望之俨然。我对看得到的"污染"有极大的包容心，脏眼睛的东西往往稍纵即逝，但要动脑筋的事才要命呢。

曾园开创茶叶侦探学，大有顺藤摸瓜、蔓引株求之意。我在昆明见周渝之时，从未想过这个头发花白稀疏的糟老头会有一位翻译哈耶克著作的父亲。我在台北一个小巷寻找殷海光故居时候，也断然不知道殷海光的自由之路始于周渝的父亲周德伟。昔日他们相见的书房，如今已是名扬天下的著名茶馆紫藤庐。曾园极善于找到茶故事的上下家，并告诉我们家底这种东西，是急不得的。就好比普洱茶，自然陈化总需要三五年甚至十多年，而加速发酵人为造假的玩意，必然会曝光在世人面前。曾园指引我们，茶之路的另一种走法。

钱锺书是拼配高手，瞧不起日本茶，也不明白宋人的分茶是何物。周作人只爱绿茶，对工夫茶有敌意，但他哥哥周树人却娶了工夫茶高手许广平。叶利钦连任，是他以茶亲民。余秋雨对自己的品茶品位相当自信；蔡澜随身装袋泡茶；日本人惊叹的"蛾毛"不过是"鹅毛"；吴疆对石昆牧有着非比寻常的爱；广东人吃早茶爱看报纸；伍秉鉴确实富可敌国；俄罗斯人吃茶的样子只能用可爱来形容；在云南雅贿中普洱茶占的比例较高……类似的故事，宛如读《世说新语》，相当好看。

作者先居昆明，后去澳门，现居广州，习文淫茶一身本领，说起珠江水、普洱茶来，潇洒自如。兄弟我恰好经历过某些部分，讲讲本书中常出现的几位。

田壮壮到昆明去拜访云南民族史与地方史的专家木芹教授，遇到回家看父母的木霁弘，就坐着喝茶聊天，木霁弘说起茶马古道的种种好玩。田壮壮很快便被木霁弘的描述打动，一起上茶山，入藏区调查，后来他们一起拍摄了深受曾老师喜欢的《德拉姆：茶马古道》。

2004年，邹家驹《漫话普洱茶·普洱茶辨伪》出版后，我几乎在第一时间写了书评，木霁弘看了后，让我带书给他看看。他看后说，邹家驹也在吃茶马古道这碗饭啊。我听着有情况，就追问。他翻箱倒柜拿出一份策划书，已经发黄。木老说，1990年，他拿着策划案去找邹家驹拉考察资助，时任中茶（中国土产畜产进出口公司云南省茶叶分公司）总经理的邹家驹拒绝资助，说等书出来买一本。木霁弘说，看来邹总真的买了一本，不然他咋个知道茶马古道？

尽管书中写了很多种茶，但能谈都是往事。只有普洱茶喝着好喝，看着也好看。现在能让大家因为茶吵得你死我活的，只有普洱茶了。普洱茶神奇处还在于，消费历史很久，但文化尚在筑基期，这让大家都看到其可塑性一面，于是台湾人、云南人、广东人、上海人、湖北人……先后纷纷加入话语权争夺，一切才刚刚开始。

　　这些年，我与曾老师见面都在喝茶聊茶，但我更怀念一起喝酒的日子。

周重林

2018 年 8 月 27 日　苏州—上海—昆明途中

目　录

茶道

打破第一泡茶的铁律

茶行业有段佳话：爱马仕总裁为了一泡百年普洱茶要特地用私人飞机到上海接驾，请大可堂冲泡老茶的茶艺师到巴黎泡茶。

美则美矣，未尽善焉。想象那个场面久了，有一句题外话从我脑海里冒了出来：在巴黎，第一泡茶会倒掉吗？

见识过茶艺的人都明白，第一泡茶往往不会给你喝。一些茶书里也隐隐约约、神秘莫测地（关于茶的书似乎就没有不神秘的）告诉你这一点。《最有效的高血压食疗》《红茶品鉴》与《喝好茶不生病》等书也都沿袭了这种说法。

但为什么呢？如果你执着地问，茶艺师会轻轻地告诉你，这是为你好，因为第一泡茶"不卫生"。但有时因为"茶太贵"，洗茶又免了。那么，贵到什么程度可以免洗呢？

最近读到许玉莲老师的《茶铎八音》，总算豁然开朗。我们知道，茶文化在大陆是断过的。礼失求诸野，茶的知识必定有很大一部分保留在海外华人世界里。许玉莲是马来西亚人，她在《茶铎八音》里谈茶，铿锵有力，往往掷地作金石声。她既反对传统中无意义的"韩信点兵"，也反对无意义"创新"。她谈茶如庖丁解牛，依乎天理。

当然我最喜欢的是她在《第一泡茶可喝》里讥讽第一泡不能喝的铁律如何神圣："当时初来乍到混沌一片，人家说要这样做便这样做，如得了武林圣旨般慷慨赴义。"这种气氛是真实的，我知道"第一泡不能喝"还有衍生规矩：不仅不能喝，也绝对不能温杯。既然脏，温杯显然就是失礼了。马来西亚也有衍生规矩：普洱茶洗一至二次，红茶洗一次，乌龙茶洗一次，绿茶免洗。许玉莲说："茶树一般长在远离拥挤地区的山上，空气明媚清新，完全没有空气和灰尘污染这回事。"

我很早就注意到茶人何作如先生泡老茶，第一泡茶他不会倒掉，据媒体报道，他会"用另一个公道杯装着，放在玻璃温茶炉上保持温度，留待最后两泡茶汤淡去的时候提升陈香和浓度，依他泡老茶的丰富经验认为老茶早已荡涤尘埃，非常洁净，就连茶渣也应该喝掉"。

洗茶，应该是源于"卫生"的要求。

美国汉学家费惟恺在《唤醒中国》一书中描述了20世纪中国的精英们担当起"唤醒"的任务，将中国从蛰伏的困境中唤醒。这些精英们认为，这种困境来源于中国人天生的虚弱。罗芙芸认为，这个唤醒计划的大部分是围绕"卫生"这个术语展开的。影视剧里，从"东亚病夫"到"强身健体"的叙事逻辑也是从这里衍生出来的吧。

既然中国的落后源于不卫生，那么强盛的外国就应该是卫生的吧。可是法国优质葡萄酒仍然必须用脚踩葡萄，而非廉价的机械压。在一般观念里，无论多清洁的脚处理食品都不适合。脚出汗呢，脚有伤口呢，但从来很少听到葡萄酒"肮脏"的抱怨，大众喝葡萄酒之前也不会犹疑要不要先"弄干净"才喝。

传说中沾濡了古巴少女大腿上汗水的哈瓦那雪茄呢？点燃之前洗不洗？

茶艺师模模糊糊知道"脚揉茶"的事情并竭力保护着这个行业秘密。但稍稍了解茶的人都知道，"脚揉茶"是传统茶行业里的常识。邹家驹《漫话普洱茶·金戈铁马大叶茶》一书中提到："云南曾经有过一段脚揉茶的历史。我不明了灵巧的手怎么会被笨拙的脚替代。同佤族交流语言上有些问题，问了几次都没结果。芒糯村小学教师是孟连的佤族，曾经在昆明云南民族学院读过三年书。他告诉我，他们祖上的祖上的祖上到国外打仗，残了手回来，只得用脚揉茶。俗话说，'胳膊拧不过大腿'，习惯就这样沿传下来。"

邹家驹在麻黑寨碰到老人李顺起，他十二三岁开始帮助父亲在微弱的油灯下揉茶，他边说边用脚比划揉茶的动作，解说揉茶时手要扶着墙或柱子，完了还记得补充一句，脚是洗过的。

某茶企创始人曾偷偷告诉我，央视曾要来拍摄厂房，被他找借口推辞了，他后来投入巨资改造了厂房，才放央视记者进去拍。他走在宽大明亮的车间里很高兴，低声说以前的厂房怎么可能让人看。"还有，压饼的石模都是用脚踩的，日本人看后都提出了意见。"

我在不同场合听说过日本人对中国制茶工艺中"脚与茶的距离"产生过疑问。我觉得其实不必太在意。当我们对一杯茶表达出应有的敬意，其他的解释都是多余的。

我不觉得真正的日本茶人对茶的理解会有很大偏差，千利休提出的"和敬清寂"中，真要去讲那个"敬"字，我想应该包括茶农对土地与气候的敬，茶商对濒临灭绝的传统手艺的敬，饮茶人与执壶者之间的相互敬意。我们听到最多的往往仅强调最后一条，但那不过是一个小写的"敬"。

茶道战争

八项规定实施之后，龙井价格一度腰斩，碧螺春乏人问津，金骏眉外地经销商大多歇业，甚至，在普洱茶胜地老班章也看不到多少客商了。

有人猜测原因是公款消费中止，或热钱进了股市。但从2012年开始，游客奔赴名山买古树茶的热情与热钱有何关系？今年我冒险去了价格已高过老班章的冰岛村，离滇缅间误落飞弹地区不远，茶商抱怨声此起彼伏，茶还是有人收的。我隐隐觉得，多种茶道理论暗战最终汇成了名山上的人流。几天后，班章村的茶友告诉我，人已经多起来了。也就是说，央视对老班章的预测可能不准。

传播最广的茶道，无疑是周作人《雨天的书》里的那篇《喝茶》。知堂老人一开口就门禁森严："喝茶以绿茶为正宗。"接着说："中国古昔曾吃过煎茶及抹茶，现在所用的都是泡茶，冈仓觉三在《茶之书》里很巧妙地称之曰'自然主义的茶'，所以我们所重的即在这自然之妙味。"这一段平常文字，对读过《茶之书》的人来说，却有千回百转的意味。知堂老人提到的"中国古昔"的"抹茶"，明清以来极少有人知道。不过，"抹茶"在中国文献中写作"末茶"，"抹茶"是日本人的写法。

正如王圻所说，福建、广东两地是保存中国茶道较好的地方。身居北京城的知堂老人虽然公布了正宗流派，但对此留有余地："听说闽粤有所谓吃工夫茶者自然也有道理。"葛兆光教授服膺周作人的茶道，但在《禅茶闲语》中说："南方人惯啜的'工夫茶'，过浓而不清，便难以入'清茗'之品而只能算解油腻助消化的涤肠之汤了。"我们也可以将"竟"字送给葛教授：葛教授竟然认为……

饮茶人从绿茶世界幡然醒悟，转转南方茶是常见的，写下的恍然大悟的言论很多，这方面记述较为雅正的是清代袁枚的《随园食单》："余向不喜武夷茶，嫌其浓苦如饮药。"一次真正领略了武夷茶（无非是贵的）后，袁枚改变了观点，"令人释躁平疴、怡情悦性，始觉龙井虽清而味薄矣"。所谓"释躁平疴、怡情悦性"其实也就是卢仝的"破孤闷、肌骨清、通仙灵"之类的效果。绿茶能让人静心提神，这不假，但"释躁平疴、怡情悦性"也不是仅喝绿茶的人所能梦想到的。

喝惯龙井的人喝普洱之后又作何感想呢？清末民初的浙江

博雅之士柴小梵在《梵天庐丛录》里说："普洱茶产云南普洱山，性温味厚，坝夷所种，蒸制以竹箬成团裹，产易武、倚邦者尤佳，价等兼金。品茶者谓普洱之比龙井，犹少陵之比渊明，识者韪之。"总之喝了之后心花怒放，迸发出大量精彩比喻，比如龙井茶是陶渊明，普洱茶就是杜甫。柴小梵这样说，其他专家也只好徐徐额首。

1949 年之后，如同明朝人忘掉了末茶，大陆人（包括云南人）很快就丧失了对普洱的记忆。香港人却以极低的价格茫然喝着普洱。到了 80 年代，台湾人重新发现普洱，并发明出了普洱的茶道。发明的过程充满了喜感，《普洱茶续》作者耿建兴回忆说，可爱的台湾茶人在两岸交通隔绝的情况下，依靠放大镜辨别饼茶"外飞"，繁体字"雲"上的"雨"中第四点的不同位置，以此来判断茶的年代。

台湾茶道建立之后，普洱又"价等兼金"了。这里的"兼"是两倍的意思。涨价这件事当然没人会喜欢。从小喝茶的香港老专家蔡澜很不高兴，他显然不会写一篇《香港人喜迎普洱茶涨价》的文章。在《蔡澜谈吃》一书里有一篇《茶道》，说台湾茶道是"鬼道理"，"造作得要命，俗气冲天，我愈看愈讨厌。想不到这一套大陆人也吃"。当然，这一切可能就是因为"台湾的茶卖得比金子更贵"。蔡澜好几本书都收此文，版本还不一样，有的更其粗豪。香港人喝普洱比台湾人更早更多，对突如其来的新茶道反感可以理解。

这篇发自肺腑的兴到之作我很喜欢，所以就不计较蔡澜竟然提到"日本用刷子一样的东西把茶打起了泡沫"这个细节问题了。茶道之争，说穿了，无非类似于有人战战兢兢提到的"文化侵略"。优胜劣汰，这没有什么好怕的。没有狼，羊群早都退化了。

一枪一旗的神话

　　宋徽宗其实一直是被误解的人。他在政治上的成就被靖康之耻一笔抹杀；他在美学上的成就变得高不可攀。他被掳去金国后的经历通常被认为一直过着屈辱的生活。但流传千年的文物告诉了我们一段秘闻。现今收藏于大英博物馆的顾恺之《女史箴图》，因收入《宣和画谱》，图卷左端书有"跋女史箴图"，卷内钤有徽宗"宣和"连珠印，明清以来诸画谱均认定为宋徽宗手书。直到二十世纪，日本学者矢代幸雄与外山军治发现《女史箴图》画作卷末的骑缝后钤有金章宗"明昌中秘"印玺，卷内"恭"字阙笔避讳（章宗父名"完颜允恭"），这两点确认这段"瘦金体"为金章宗所书。

　　金朝朝廷上下竞相模仿瘦金体，这不奇怪，古往今来学瘦金体的人多如恒河沙数，但最有价值、假动作逼真到迷惑了所有专家的是俘虏了宋徽宗的金人，模仿到这种程度要花费一个皇帝多少精力与心力？奇怪不奇怪？感人不感人？

宋徽宗这种美学上不可思议的影响力与裁决力也是有副作用的。他在《大观茶论》中的一段话让中国茶的发展路径绕了一个大弯："凡芽如雀舌谷粒者为斗品，一枪一旗为拣芽，一枪二旗为次之，余斯为下。"

一般人即能理解：宋徽宗为茶定了品级，茶芽越小越好，最好小如雀舌或谷粒，一芽一叶（即绝妙的一枪一旗说法的直白表达）次之，一芽两叶更次，一芽三叶宋徽宗就不想说了。于是，在中国文人的笔下，追求茶的"嫩度"成了一条不归路。

鲁迅在《上海的少女》一文中沉痛地检讨了汉族美学中这一股腐朽的支脉："不但是《西游记》里的魔王，吃人的时候必须童男和童女而已，在人类中的富户豪家，也一向以童女为侍奉，纵欲，鸣高，寻仙，采补的材料，恰如食品的餍足了普通的肥甘，就想乳猪芽茶一样。现在这现象并且已经见于商人和工人里面了，但这乃是人们的生活不能顺遂的结果，应该以饥民的掘食草根树皮为比例，和富户豪家的纵恣的变态是不可同日而语的。"

然而，中国人也许误会了宋徽宗"凡芽如雀舌谷粒者为斗品"这句话里的"斗品"，很多书籍将"斗品"解读为"最佳品质"，其实是不准确的。"斗品"其实是指最适合宋代极其复杂的"斗茶"中的品质。所谓"斗茶"，指的是在宋代"点茶"

中茶汤乳花泛滥，咬盏的时间长短。宋徽宗自己的说法是"乳雾汹涌，溢盏而起，周回凝而不动，谓之咬盏"。不可思议吧？

"斗品是宋代最高档的名茶，亦称斗茶。因其为宋代用于斗茶的精选出来的最佳极品名茶而得名。犹今之参加名茶评审的样茶。"《中国茶事大典》如此描述，很准确。

但宋徽宗在另一处的记述却被忽视了："夫茶以味为上。香甘重滑，为味之全。"玩归玩，茶终归要讲味道，他的标准放到今天仍然堪称金科玉律："香甘重滑。"换个字方便今天的人理解，即香甜厚滑，符合这四个字，即为好茶，在岩茶与普洱的上品中较易寻获。

"茶旗乃叶之方敷者，叶味苦，旗过老则初虽留舌而饮彻反甘矣。""方敷"即叶刚刚展开，喝起来有点苦，但更老一点的茶叶苦味会留在舌上，喝过之后，回甘较好。

也就是说，斗茶最好全用芽来做茶，而喝茶，一芽三叶反而更能达到"回甘"的效果。但这个重要信息在汉族品鉴美学中被忽视了。尤其是，宋朝灭亡，斗茶游戏终止，汉族人品茶的主流舆论仍然推崇斗茶要求，实在是刻舟求剑。

即使在当时，对宋徽宗的误解就已经产生。熊蕃在《宣和北苑贡茶录》一书中忘乎所以地吹捧芽茶："拣芽犹奇如此，而况芽茶以供天子之新尝者乎？芽茶绝矣！至于水芽，则旷古未之闻也。"这么个美丑不辨的人，对上级领导的品味赞叹到口水流一地。他还记载了其他溜须拍马之人的行径："宣和庚子岁，漕臣郑公可简始创为银线水芽。盖将已拣熟芽再剔去，只取其心一缕，用珍器贮清泉渍之，光明莹洁，若银线然。"其实也就是用纯芽头做茶。其他全是噱头。

当时，宋子安在《东溪试茶录》一书中就写道："虽……茅叶过老，色益青明，气益郁然，其止则苦去而甘至。民间谓之草木大而味大是也。"也就是说，老叶色好，气好，回甘好。宋子安经常强调官方的茶叶品鉴与民间不一致。至少在此处，官方因为媚上而走了弯路，民间坚持了"草木大而味大"这一朴素真理。

值得一提的是，现在名闻遐迩的"金骏眉"是在2005年创立，借鉴碧螺春、黄山毛峰利用"单芽"做茶，结果一举成名。我虽然对单芽不以为然，但承认这一产品存在的合理性，这个品牌也扩大了茶文化的知名度，善莫大焉。

2012年5月23日上午，刘晓庆发了一条微博"品尝大红袍的极品'金骏眉'。这么名贵的茶，请我这个茶盲喝，我自己都觉得暴殄天物"。大红袍与金骏眉不是一种茶，图片里的金骏眉是瓶装饮料，所以招来了两万条转发，多半语带讥讽。刘晓庆三天后愤怒反击："说实话也没喝出琼浆玉液的感觉来。所以我说给我喝是暴殄天物。是茶盲有什么大逆不道吗？能不强加于人，让我按照自己的方式生活吗？"

司马迁称庄子"其言洸洋自恣以适己，故自王公大人不能器之。"潮州茶人陈香白说中国茶道突出了"自恣以适己"的随意性，所以，自称"茶盲"但扩大了茶文化的刘晓庆行事风格还真是符合茶道精神呢。

茶道的风雅与世俗

日本美学家冈仓天心用英语写的《茶之书》影响很大，其中有些论断深获我心，如"人们唯有在心智上克服自身的不完全，才能对真正的美有所认识。""本质上，茶道是一种对'残缺'的崇拜，是在我们都明白不可能完美的生命中，为了成就某种可能的完美，所进行的温柔试探。"

但这位美学家对中国茶发表的看法却露怯了："对晚近的中国人来说，喝茶不过是喝个味道，与任何特定的人生理念并无关连。国家长久以来的苦难，已经夺走了他们探索生命意义的热情。"他还说："中国人喝茶，已失去唐宋的幽思情怀，变得苍老又实际，成了'现代人'（He has become modern）。"

中国人喝茶的确重在"味道"，但崇尚味道并非就与"人生理念"没有关连。"长久以来的苦难"也是真的，但"探索生命意义的热情"并没有消失。他的这些见解并非全错，但感觉就像某国乒乓爱好者和华人邻居打了一场比赛后，长叹中国人在乒乓球上没领悟能力。

钱锺书先生曾对朋友潘兆平谈过他对日本茶道的看法："东洋人弄这种虚假排场，实质是小气。譬如那个茶道，总共是一小撮茶叶末子，弄来弄去，折腾半天，无聊之极。"

分开看，钱先生说的每句话都不太准确，但整段话却超脱而高明。

如今想了解日本茶道 ABC 很简单，里千家流讲师滕军教授的《日本茶道文化概论》一书将日本茶道的源流与仪轨讲得清楚明白，这里不再添枝加叶。

真的要近距离感受茶道，也许可以从川端康成的《千只鹤》去看，在那里茶道融于生活，茶道、赏花与切腹，曾经都是日本人交流的特别方式。

菊治的父亲生前是茶道家。去世后两个女弟子(也是情妇)，栗本千花子与太田夫人一直保持竞争关系。

桃花绽放时节，菊治参加了千花子、太田夫人和点茶人雪子的茶会。开始的时候，表面上一切都是正常的。女弟子雪子点茶"手法朴素，没有瑕疵。从上身到膝盖，姿势正确，气度高雅"。

千花子针对茶具中的一只碗讲道："这是只黑色织部茶碗，在碗面的白釉上，绘有黑色嫩蕨菜花样。"在讲究时令的日本，

"蕨菜嫩芽，最有山村野趣。早春时节，使这碗最合适"。但时令前面已有交待："桃花已经绽开了"，早春已过，千花子巧妙地说："虽然有些过时，菊治少爷用倒正合其人。"碗与人的恰当配合挽救了使用碗的时令不对。

说起来，这只织部茶碗是太田夫人送给菊治父亲，然后转到了千花子的手中。千花子的这番说法，仅仅提到了菊治父亲用过，故意忽视了太田夫人，隐隐有进攻的意味。

菊治不想被人当作武器，对她这种断章取义的说法自然不满，他说："哪里，在家父手上也只留了很短一段时间。就茶碗本身的历史来说，根本算不上一回事……几百年间，有许多茶道家当作珍品代代相传，家父又算得了什么？"这无疑是用一种更长远的说法对抗着千花子的措辞。在茶会里，攻防均可，无礼则被禁止。

我们似乎已经接触到了真正的茶道：就一只茶碗各人都有合情合理的一段渊博而巧妙的言辞。然而，这一段幽玄而风雅的交谈，其实还是围绕着菊治父亲的两个情人间的争斗而进行的。两个情人都在场，而千花子只谈菊治父亲和菊治都用这一只织部茶碗，无视这只茶碗来自于太田家。菊治通过自己的言语消解这只茶碗的种种因缘。

太田夫人的茶道不够纯熟，她说的话异常突兀："让我也用这只碗喝一杯吧。"她只能用这种唐突的举动打破千花子所捏造的一段历史。既然太田夫人的唇也碰到了这只碗。那么千花子所塑造的这段历史就被打破了。如果知情人了解到最初这只碗来自太田家，那么千花子的说法就被打得更碎。

冈仓天心曾说过一句攻击西餐的话："为什么要特地展示传家餐具，让我们无法不去想象，是哪位早已不在人世的令祖令宗，也曾经在此以其用餐？"他似乎不太懂茶道，因为在真实茶道里，众人不仅会想象、谈论令祖令宗，还会积极邀请他们现身，评判今天的是非。茶道并非外行想象的那样，能提升人的境界，人们在聚会中从未停止相爱相杀，世俗极了。茶道只是约束人的规矩，将人际交往中的粗粝部分变得些许润滑而已。

后茶道

"茶道"这个词在茶会中非常敏感,一个人不小心谈起日本茶道,很难让人相信他不吹不黑。所以沉默是明智的。

也许,这样说才是对的:日本茶道挺好,其他民族喝茶的方法与之相比也并不逊色。

但有些人的脑回路就比较难以琢磨。他们表面上瞧不起日本茶道,但内心深处为中国没有产生比日本茶道更强有力的茶道而沮丧。曾有一个年轻人听我说中国无茶道的时候几乎崩溃,他抓紧每个人询问这句话有无问题。

说起来中国茶道的精神也是有的,日本茶道的精神是所谓的"和敬清寂",中国各地提出过更多类似的四个字,随便列举,有"心境器艺""和静怡真""理敬清融""正清和雅""清静怡真""廉美和敬"……在此暂停,我们就已拥有了六种茶道精神,比日本茶道强六倍。真实情况是,类似四个字可以无穷无尽地列举下去（并没有什么难度）。我遇到的每个茶叶店老板未必能提供价廉物美的茶，但阐释乃至发明两种以上的茶道都感觉不难。

似乎太多？以为我在讥讽？其实，多少真不是问题，韩国人就崇尚两种喝茶的精神："清敬和乐"或"和敬俭真"。

我的不适在于，国内有些茶道的论述是以惊叹号结束的，如："我们讲的就是清静怡真！适合自己就是最好的！"

但你在"和敬清寂"这四个字后加上惊叹号就会觉得不轻松。

所以，中国茶道倡导者要做的第一件事就是去掉惊叹号，让其他人的说法存活下去。因为惊叹号往往意味着荒漠的开始。

即使是日本，至少也有两套茶道，一套当然是"和敬清寂"。另一套没有名字，很多日本人在日常生活中以茶待客，以茶佐餐（饭前茶、饭后茶），不拘泥繁琐的礼仪，率性认真，甚至边喝茶边吸烟，茶香与烟味齐飘。研究茶文化的陈慈玉教授认为，这充分显示出庶民文化的真貌。

"和敬清寂"这种高级茶道沦落成观光业的过程，被川端康成在小说《千只鹤》中批评过了。他在诺贝尔颁奖礼上有一个发言，提到过他喜爱的茶道："一休所在的京都紫野的大德寺，至今仍是茶道的中心。他的书法也作为茶室的字幅而被人敬重。"

日本茶道中所谓的"茶会"，也即"感会"，是良辰美景、好友相聚的集会。在这种聚会中，茶道与日本其他文化一样，以"雪月花时最怀友"为其基本精神。为呼应"雪""月""花"的美，千利休主张，插花不宜插盛开的花。

花瓶用伊贺瓷，淋上水，显得鲜莹明洁白，与花上的露珠交相辉映。茶碗也用水浸润过，使之润泽。

日本茶道与日本文学一样，重视妖艳、幽玄的格调，讲究余韵，增进幻觉。这是无法模仿也无法超越的。因为任何非日本人都没有必要创造出一种更妖艳更梦幻的美学去战胜别人，或适合自己。

老牌克格勃和变节哲学家科耶夫一直精确控制着自己的名声。他曾经是那些法国名人的老师，他的学生有萨特、加缪等人。他在很早的时候就提出过"历史终结"这一概念。半个世纪后，福山才写出了《历史的终结》这本轰动世界的名著。

所谓历史的终结，指的是最理想的社会秩序的探寻已经终止。而且，这种终结早就发生了。要说出点新东西在科耶夫看来已不可能。

带着这种奇怪的伤感，他四处游历，1959 年他在日本看到了，历史终结之后，还有自我牺牲（其形式是毫无理由的自杀）、能乐剧、茶道等存在的社会。

是的，日本茶道让科耶夫受到了感动。

他原先认为在后历史中，人们只钟情于动物性的吃喝玩乐。这个大度的哲学家认为这没有什么不对，需要警惕的是社会丧失了历史记忆。智者不是要谋求一场新的革命，而是要防止先前革命的成果丢失。

我们欣喜地发现：茶道不就是一场充满了创造性的袖珍革命吗？

常常有人抱怨说自己在茶馆喝到了很好的茶，但买回家后发现自己冲泡的茶很不好喝——当然不好喝，通常我们在家里是以松松垮垮的心情去调配不洁净的茶具，还奢望茶汤能唤醒我们？也许，不被烫到就是万幸了。

中国茶人关于站与坐的仪轨并不严厉，但他会在水与火之间，称量与激发这8克茶所能迸发出的能量。无人知晓的是，今天的气压与阴晴都已被茶人计算在内。

并且，在此之前，茶人已经冲泡过上百次这种茶，这一次，必须保持水准。也许他曾在一次比赛中发挥出色，同样的茶在这一瞬间散发出更浓的香气，滋味也更持久。这一次，茶一模一样，对手隐身，比赛仍在无形中进行。

茶人

当无印良品遇到倪瓒

　　余英时先生在《东汉生死观》一书中曾说，民间思想有时候被认为是第一层次的思想（正式的思想）经过一两代的"文化滞后"以后"渗透下来"的东西。在这样的新环境中，观念几乎总是以通俗或扭曲的形态显现。

　　世俗底层对文化现象的反映歪曲到何种程度，一般人难以想象。学者洪业爆料："杜拾遗庙之变为杜十姨庙，加上伍子胥庙之变为五髭须庙，更加上一桩大喜事把杜十姨嫁给五髭须，那只是村愚无知多事，对于历史文学，不生丝毫影响。"

　　我怀疑，杜甫杜拾遗其实是被村学究戏称为"杜十姨"，然后被民众听去才当了真。村学究比一般农民懂不了多少，对稍稍复杂一点的事情也没有辨别能力，但偏偏喜欢在民众面前抬高门槛以自炫。就像今天，杜甫在二次元世界里骑摩托并且很忙，学者是不在乎的，有些"村学究"就看不惯了。

在民间被嘲笑了几百年的画家倪瓒，谁知道他深刻地影响了我们的生活呢？

近年日式美学兴起，原研哉的设计理念经由无印良品连锁店在全世界播撒，影响称得上无远弗届了。原研哉在《设计中的设计》一书里提到了自己对谷崎润一郎美学的赞赏。谷琦润一郎震动西方世界的名文《阴翳礼赞》里就曾隆重提及倪瓒（倪云林）：

"志贺君（可能是志贺直哉）给我提起，他从已故芥川龙之介那里听到过关于倪云林的厕所的故事。云林是中国人中鲜有的洁癖家。他搜集众多飞蛾翅膀放入壶中，置于地板之下，垂粪于其上。这无疑是用一种动物的翅膀当作粪纸以代替沙子。因为蛾翅是非常轻柔松软的物质，可将坠落的牡丹饼立即埋没而不为所见。古往今来，未曾听说厕所之设备有如此奢华者。粪坑这东西不管制作得如何漂亮，揩拭得多么卫生，但一想到此物，就产生一种污秽的感觉。唯独这种蛾翅的粪纸，想象着就很美。粪团自上吧嗒而下，无数蛾翅烟雾一般腾升起来。这些干爽的蛾翅，含蕴着金色的底光，薄亮如云母的碎片。在没有留意究竟为何物时，那种固态的东西早已为这团云母的碎片所吞没，即使事先作充分的预想，也丝毫没有污秽之感。更令人惊奇的是，搜集这么多蛾翅得花多大工夫！乡村的夏夜，纵然有许多蛾子飞来，但要满足此种用途，则需要多少翅膀！而且每次都必须一遍一遍地更换。可见，要动员一大批人，于夏夜捕捉千万只蛾子，贮存起来以备一年之用。这种极尽豪奢的事儿，只有在古代的中国才会发生。"

其实，这并非是什么极尽豪奢的事儿。据南朝《荆楚岁时记》记载："俗云，溷厕之间必须净，然后致紫姑。"中国民间历来就重视厕所的干净。不重视的时期，无非是处于治乱之间，蒙昧与文明转换的尴尬时期。

关于"蛾翅"的细节接近神话了，类似于宫崎骏《幽灵公主》等电影的想象，与华夏民族的审美关系是不大的。估计应该是日本哪个翻译家汉学底子潮，错误的翻译引发了谷琦润一郎旺盛的想象力。明顾元庆《云林遗事》原文如下："其溷厕以高楼为之，下设木格，中实鹅毛，凡便下，则鹅毛起覆之，一童子俟其傍，辄易去，不闻有秽气也。"看来"鹅"字被错认成了"蛾"。日人创造力有限，但在审美与对文化的仰慕上特别敏感。

相比之下，中国文人的创造大多被时间无情淘汰了。而在倪瓒身上，就不是被淘汰这么简单了，倪瓒的审美方式被称为"洁癖"（在日本，"洁癖家"可能不是个坏词），几乎一直被敌视或嘲弄。

元代陶宗仪《南村辍耕录》记载："毗陵倪元镇有洁病。一日，眷歌姬赵买儿，留宿别业中。心疑其不洁，俾之浴，既登榻，以手自顶至踵，且扪且嗅。扪至阴，有秽气，复俾浴，凡再三，东方既白，不复作巫山之梦。"

《古今笑史》这样说倪瓒："性好洁，文房拾物，两僮轮转拂尘，须臾弗停。庭前有梧桐树，旦夕汲水揩洗，竟至槁死。"今天，擦洗园林中的树叶与石头，已经是日本茶道的规矩之一了。在日本茶道里，为了表示敬意，烧水的炭也用布擦干净再点燃。

日本人擦炭行为似乎有些讲究？其实还是比不上中国人。《管子·侈靡》曾用经济学开伦理学的玩笑：他要求富人积极消费扩大内需，众多举措之一是要做到"雕橑然后爨之"，意思是把木柴雕刻好了再烧。当然，这种极具创造性的思路终究还是被遗忘了。贫穷限制了伦理学的发展。

倪瓒是元代茶人，有可能是我们今天最常用的"泡茶法"的发明人。他在《云林堂饮食制度集》里定下规矩："用银茶铫煮水，候蟹眼动，以别器贮茶，倾铫内汤少许，浸茶没，急用盖盖之。俟浸茶温透，再以铫置火上，俟汤有声，即下所浸茶，少顷便取起，又少顷再置火上，才略沸，便啜之。极妙。"

今天挑剔的茶人喜爱用银壶煮水，看来也需要感谢倪瓒。

陆羽在《茶经》中谈茶釜（镂）的时候有些犹豫，建议用生铁，实用而耐久，然后吞吞吐吐地建议，提到了银，"用银为之，至洁，但涉于侈丽。雅则雅矣，洁亦洁矣。若用之恒，而卒归于铁也"。这里的"卒归于铁也"的"铁"字，有少量版本为"银"字。看来后来的编辑者反复斟酌，难以抉择，后来觉得倡导奢侈终归是不对的，先天下之忧而忧，圈定了"铁"。可见，噤若寒蝉的伦理学战胜了美学。

陶宗仪在《说郛》中明确写道"卒归于银也"，这可以作为元代文人坚持用银的另一个佐证。

倪云林还发明了"橘花茶""茉莉花茶"与"莲花茶"。顾元庆删校的《茶谱》里，建议放进茶里的花更多："木樨、茉莉、玫瑰、蔷薇、兰蕙、橘花、栀子、木香、梅花。"

但《茗谭》作者对倪瓒和顾元庆均有批评，态度很严肃："吴中顾元庆《茶谱》取诸花和茶藏之，殊夺真味。闽人多以茉莉之属，浸水瀹茶，虽一时香气浮碗，而于茶理大舛。但斟酌时移建兰、素馨、蔷薇、越橘诸花于几案前，茶香与花香相亲，尤助清况。"

往茶里掺花，属于"求雅不得"的俗，不过茶室里可以放几盆花，这种学术交流气氛让人向往。可惜，这么高明的见解并没有传播开来。今天痛饮花茶的人口多到令人痛心。

钱椿年《茶谱》中有一则值得注意："橙茶：将橙皮切作

细丝一斤，以好茶五斤焙干，入橙丝间和，用密麻布衬垫火箱，置茶于上烘热。净绵被罨之三两时，随用建连纸袋封裹。仍以被罨焙干收用。"英国人的"伯爵茶"由佛手柑、正山小种和祁红拼配而成，看来英国人也体会到了柑橘味与茶味之间的协调性。

2017年国内茶叶市场"柑普"兴旺，"小青柑"受到雾霾地区白领与抽烟爱好者的大爱。在宇宙茶叶中心(广州茶博会)，家家店前摆放"小青柑"。做法当然与钱椿年的不同了，将熟普置入广东新会产的柑子里，外形清新可爱，冲泡也有趣，喝起来清凉润喉，感觉是抵御雾霾的上佳利器，饮毕，征战帝都北五环感觉没压力。看来，文化精英与普罗大众终于在一杯茶里有了共识。

茶叶拼配师钱锺书

1958年，钱锺书先生在《宋诗选注》中，曾经解读过陆游的《临安春雨初霁》，其中的"晴窗细乳戏分茶"一句历来聚讼纷纭，莫衷一是。钱先生认为"分茶"即宋徽宗《大观茶论》中的"鉴辨"，这种说法引来学者蒋礼鸿的商榷。此后钱先生应该对此有过很长时间的斟酌。1982年，钱先生在新版《宋诗选注》中写了更全面的注解。可见茶文化已成绝学了。

2016年5月，杨绛先生去世。很多人重读《我们仨》，惊讶地发现了钱锺书先生原来还是茶叶拼配高手：

> 我们一同生活的日子——除了在大家庭里，除了家有女佣照管一日三餐的时期，除了锺书有病的时候，这一顿早饭总是锺书做给我吃。每晨一大茶瓯的牛奶红茶也成了他毕生戒不掉的嗜好。后来在国内买不到印度"立普

登"Lipton（现在译成"立顿"）茶叶了，我们用三种上好的红茶叶掺合在一起作替代：滇红取其香，湖红取其苦，祁红取其色。至今我们家还留着些没用完的三合红茶叶，我看到还能唤起当年最快乐的日子。

这两位留学生出国后备尝艰辛，当时留学生群体大多知识结构贫弱不堪，杨绛先生在《喝茶》一文中披露过，"好些美国留学生讲卫生不喝茶，只喝白开水，说是茶有毒素。"要想过上像样的生活肯定经历了一番折磨，他们后来总算学会买东西，做几个菜，甚至还会涮火锅。不过，钱锺书先生学会了茶叶拼配，的确让人不敢相信。

茶叶拼配在普洱茶、乌龙茶与红茶中都存在。余秋雨谈过民国时期普洱茶工艺的神奇："普洱茶的品质是天地大秘，唯口舌知之，身心知之，时间知之。当年的茶商们虽深知其秘而无力表述，但他们知道，自己所创造的口味将随着漫长的陈化过程而日臻完美。会完美到何等地步，他们当时还无法肯定。享受这种完美，是后代的事了。"

红茶拼配国内记述不多，这种技艺有点像日本茶道，在中国之外的英国独立发展出了复杂系统。大英帝国的眼界决定了他们的拼配师会将阿萨姆红茶、锡兰红茶、肯尼亚红茶与中国红茶进行拼配。

电影《女王》有个场景很有意思，阳光明媚的下午，仆人过来说，首相布莱尔打来电话。菲利普亲王愤懑地嘀咕："别管他，喝了茶再说。"女王迟疑片刻，还是降尊纡贵接了这个不短的电话。亲王怒了："茶都冷了。"可见下午茶在英国重要到了何种程度。

但钱锺书先生的拼配原则让国内茶人有些疑惑：滇红取其香，湖红取其苦，祁红取其色。这种不理解其实源于中国的清饮习惯，而钱先生一家喝的是牛奶红茶。滇红香气高雅，沁人心脾，犹如明星与你大大方方聊了半个钟头。祁红品质最受英国人喜爱，不必细说。湖红现在知道的人不多，吴觉农先生曾说湖南"可以生产同祁门和宜昌一样为国外所欢迎的高香红茶，还可以栽培和发展与云南相同的国际上著名大叶种红茶"。这些茶品质都很好，但钱先生不注重中国茶最重要的味道，显然还是以英国人的牛奶红茶口感出发，在乎的是与牛奶配合的茶中香、苦、色。

茶中的苦味，中国人并不一概抹杀，但往往要求这种苦能迅速"回甘"，但"回甘"只是少量高档茶才有的品质。茶人吴疆在《七子饼鉴茶实录》中认为，"茶叶的制造历史，其实一直是一个去其苦涩的过程"。

杨绛先生写茶天真浪漫，坦诚极了。她说："茶味的'余甘'，不是喝牛奶红茶者所能领略的。浓茶搀上牛奶和糖，香冽不减，而解除了茶的苦涩，成为液体的食料，不但解渴，还能疗饥。"显然提前多年为钱锺书的拼配工艺做了辩护。

杨绛先生觉得英国人"把茶当药，治伤风，清肠胃"有些奇怪。这可真是留学生的看法了。福建、广东、广西与海外华侨的老派家庭里，一般会将普洱、六堡、六安、白茶存放很多年，都是用来"治伤风，清肠胃"的。

杨绛先生还写过，"卢同一气喝上七碗的茶，想来是叶少水多，冲淡了的"。"卢同"写错了，"叶少水多"，不知从何说起。在《杨绛全集》《杨绛文集》里，都将"卢全"写成"卢同"，只有在《茶人茶话》一书里，才被编者陈平原小心改了过来。

留学生身上关于茶的困境有点类似南北朝时代的文化隔阂。南朝人当然喝茶，"齐王萧初入魏，不食羊肉酪浆，常饭鲫鱼羹，渴饮茗汁，京师士子，见萧一饮一斗，号为漏巵"。南方贵族喝茶就是论斗喝的。粗算一下，一斗十升，汉代的一升大约等于现在的 200 毫升，一斗就是 2000 毫升。如果喝这么多白开水肯定是受不了的。所以，北方少数民族惊呆了。

后来北方茶文化井喷，不喝茶的人还是不习惯，把被请去喝茶叫作"水厄"，意思是碰上水灾了。

北魏元义请南人萧正德喝茶，元义客气地问："卿于水厄多少？"萧正德不懂北方流传的喝茶典故，承认自己虽然生长在水乡，可从来没有遇到过水灾。话一出口自然引起哄堂大笑。

今天茶文化萎缩，人们只能记得妙玉讥讽喝茶量大的人为"牛饮"，其实全世界茶人都是牛饮的。杨绛也曾写过："诗人柯立治的儿子，也是一位诗人，他喝茶论壶不论杯。"

清代诗人吴兰雪在《石溪舫诗话》中说"雪水煎茶，余立饮十余瓯"，钱先生忍不住打趣："当时《红楼梦》想尚未盛行，不堪为妙玉知也。兰雪生平唯此事出人头地耳。"

大量饮茶在文献中出现是在汉朝，当时的人对饮茶人的海量觉得不可思议，《搜神后记》用故事解释这一现象：一个武官病后，要喝一斛二升的茶才感觉好了。有客人让他喝饱再喝五升，吐一物，状如牛脾而有口。浇之以茗，能装一斛二升。再浇五升，即溢出矣。此后很多人称豪饮者患的是"斛茗瘕"的病。"瘕"的意思就是腹中的寄生虫。

周作人算是见多识广且通达之人，他曾说过："中国人上茶馆去，左一碗右一碗地喝了半天，好像是刚从沙漠里回来的样子，颇合于我的喝茶的意思。"

妙玉在曹雪芹笔下是"欲洁何曾洁，云空未必空。可怜金玉质，终陷淖泥中"。她的结局有必然性，正因为"何曾洁""未必空"，她的审美都是过度与扭曲的，因而她的话不能正面理解。

1951 年，周德伟的茶会

台北的紫藤庐已是文化地标，电影《饮食男女》在此取景，林浊水称之为"落魄江湖者的栖身所"，龙应台如此描写："有人安静地回忆在这里聚集过的一代又一代风流人物以及风流人物所创造出来的历史，有人慷慨激昂地策划下一个社会改造运动；紫藤花闲闲地开着，它不急，它太清楚这个城市的身世。"

1981 年，茶人周渝将父亲周德伟（1902—1986 年）的日式风格官邸改名为"紫藤庐"。

周德伟在《笔落惊风雨》中回忆自己年轻时在北大读书的情况："德文教师仍为德人海理威……用顾孟余先生所编的《德意志科学论文选读》，此书包含包尔生、庞巴维克、门格尔、维塞尔以及马克斯·韦伯等名家的选文约三十余篇"，"一年级结业后余能自读德国典籍"。毕业后，周德伟通过铁道部公派留学，进入英国伦敦政治经济学院。在此他遇见了哈耶克，谈到哈耶克刚出版的德文新书。哈耶克很吃惊，他想不到遥远的中国居然有学生对世界学术前沿如此了解，此后他开始悉心指导周德伟的学业。

毕业后，周德伟回国在湖南大学执教，主编一本杂志《中国之路》，在政论里明白宣示他的米塞斯－哈耶克理论倾向。国民党政府的经济政策与哈耶克的思想背道而驰，周德伟的勇气可见一斑。

1940年，他转到中央大学教书，同时被选为国民参政会的议员。在重庆，周德伟发现国民党的高层人员大谈统制经济、计划经济。他曾在参政会大会上驳倒了已经审查会通过只待大会形式通过的粮食公卖及限价方案。

陈浩武在《台北紫藤庐的故事》一文介绍，1946年抗战胜利后，国民党中央常委会决议要征收财产税，强制收购黄金和美元，并限定物价。周德伟听到之后感到非常震惊，他立即见财政部长俞鸿钧，表示全国经济肯定会大乱。俞鸿钧将周德伟的意见签报给行政院，使这个方案就推迟了两年。

周渝先生告诉我："这个政策被推迟两年后，又被新任财政部长王云五拿出来实行，家父即公开按学理大肆批评，王有些受不了，即请周来担任财政部参事，以为如此笼络可以平息周的批评；没想到周的湖南腔的嗓门甚大，虽坐在不同楼层的办公室内，周的骂声仍传至王的耳中！王只好请周去担任广州金融管理局长，以远离周。"

1948 年，蒋经国携"赣南新政"的声威，开始在上海"打老虎"。电视剧《北平无战事》对此事有涉及，但焦点有些虚。

蒋孝严曾多次表示，1949 年赴台后，蒋经国把"赣南新政"的经验也拿到台湾去，似乎台湾的经济腾飞与"赣南新政"有莫大关系。

所谓"赣南新政"，无非是蒋经国用他在苏联学到的经验铁腕禁烟禁赌禁娼，为平抑物价，1940 年蒋经国在赣南实行"开办交易公店，统筹统购"（这个时间恰好是周德伟在参政会反对统制经济、计划经济的时间）。其中有些不被人关注的事情现在不妨拿出来细看。

蒋经国在赣南宣布蒋介石的生日为"太阳日"，当天，"一清早，便由事先组织好了的男女青年六七百人为'晨呼队'，在赣州大街上跑步前进，边跑边喊：'庆祝总裁诞辰！''总裁是中华民族的大救星！''总裁万岁！万万岁！'喊得声嘶力竭，一直要喊到各商店开了门，一齐跟着高呼'万岁'后，'晨呼队'的女青年们才回去。"

1945 年蒋经国给赣南同仁的信中承认："回忆赣南建设的过程中，人民出了不少的钱，做了不少的工程，但是并没有得到应得的效果。我们做事，初意虽在于为民众谋利，而有时结果反而使民众受苦。……今天并不否认，自己在赣南得到了许多做人做事的经验，但是有许多经验，就是一种人民受苦的代价。"不过，这种反省是私下的。

《华盛顿邮报》对1948年的币值改革有直率的评论："由于内战关系，军队的人数日增，任何方式的币制改革，在此时提出，都将注定失败的命运。"蒋经国一意孤行推行这种苏联式的运动、消耗式经济政策，抓"大老虎"，指责宋子文是"大资产阶级"（最近史料表明，宋子文发国难财为日本人有意造谣），扣押富人的资产并且将其逮捕……导致中国货币体系崩溃，最终失去了上海。

对比1948年战败国德国，担任德国西占区经济管理局长的路德维希·艾哈德，面对飞涨的物价，通过电台取消了美军公布的价格约束和义务提供服务的规定。第二天美国占领军司令愤怒地将艾哈德召来，训斥他改变了占领军的命令。艾哈德回答说："我没有改变这些命令，我废除了这些命令。"此后，随着艾哈德一系列措施的出台，德国经济迅速好转。

1950年冬，周德伟随政府搬迁到台，"喘息之余，重新振奋。"

从1951年冬天起，周德伟在"尊德性斋"每两周约集若干客人饮茶，并将哈耶克的著作推荐给殷海光。殷海光翻译了《通往奴役之路》，胡适看后很高兴，找周德伟深谈并请他开经济学书单。

1975 年，哈耶克获得诺贝尔奖后到台演讲，这是他第三次来台，这一次蒋经国接见了他。

晚年，周德伟对盯梢的特务烦不胜烦，离开台湾去美国，茶室与客人都留给周渝。周渝曾这样谈到父亲的晚年："第一，他因学问不被他人了解而痛苦；第二，他的主张、所预见的东西，最终都得到历史的证实，但当初没人能听懂他讲的什么，所以很痛苦，他非常孤独。"

卿本佳人，奈何做贼

前云南省委书记白恩培被判死缓的消息轰动一时。案情其实有些枯燥，有个数字倒值得一提：这个不发达省份的书记受贿 2.46 亿，破了近年来高官受贿的纪录。

遗憾的是，对于这个巨贪的生活细节，媒体却没有披露更多详情，仅有一项引起了我的兴趣：赃物中有 23 车普洱茶。媒体的震怒限于"他喝得完吗"之类。我的求知欲却被瞬间点燃：什么车？小车后备箱还是大卡车？白恩培在纪录片《永远在路上》里，哭哭啼啼，数落自己贪财，与那些仙风道骨的历代茶人差得实在太远。

我想起了《魔鬼夜访钱锺书先生》中的话："近代当然也有坏人，但是他们坏得没有性灵，没有人格，不动声色像无机体，富有效率像机械。"23 车，除了阴森的效率，实在想象不出那些茶叶有什么吸引人之处，只想起电影《寻龙诀》里邪魅的"彼岸花"。有人认出来"彼岸花"就是一饼普洱茶，制片人也证实了这一点。电影中有句煞有介事的台词："花开的时候，连通生死的门打开了。"白恩培书记用茶刀打开普洱茶时，无关风雅，连通生死的门无声隐秘地开启了吧。

历史上的著名罪犯也有风雅的。电影《色·戒》中的易先生，虽然是梁朝伟出演，但毒辣阴鸷，很难让人产生好感。但易先生的原型丁默邨就有点意思了，龙应台从历史档案与《陈立夫自传》等处发现，丁默邨原是中统的人，后来投靠汪精卫，直至当上"伪浙江省省长"。让人想不到的是丁默邨后来被陈立夫成功策反，为戴笠的军统局架设电台、供给情报，与周佛海合作企图暗杀李士群，并不断营救被捕的重庆地下工作人员。但日本战败之后，他的身份虽一定程度被认定，但仍然被关在监狱。有一天他生病，被保出去看医生，顺便游览了玄武湖，结果被小报记者认出，写上了报纸，蒋委员长看后很生气地说："生病怎还能游玄武湖呢？应予枪毙！"这个贪看一点湖上清风的降将，就这样被毙了。

我看了《陈立夫回忆录》，发现丁默邨叛变后行径颇恶劣，"把上海调查统计局第一、第二处的人抓走了，他冒充说：'我是陈立夫派来请你们去的。'"难怪"蒋委员长对他的印象一向很坏"。记者写的那篇文章叫《丁默邨逍遥玄武湖》，"逍遥"二字暗讽他的丑态，所谓的小报，其实是《中央日报》，并不小。

民国称得上风雅的罪人是黄濬。他极有才，年轻的时候就与当时的名流陈宝琛、严复、林纾往还。留下的笔记体著作《花随人圣庵摭忆》至今仍是清末民初掌故最可信之书，材料既丰赡，见解尤精辟。陈寅恪读过此书后题诗叹惋："世乱佳人还作贼，劫终残帙幸余灰。"

现在可见的黄濬照片不过是一平凡中年文人，但据汪辟疆《光宣以来诗坛旁记》，黄濬年轻时"如凝妆中妇，仪态万方"，思之怅惘。

1937年，国民政府计划实施在长江江阴段沉船以封锁航道拒日，黄濬时任行政院会议记录，当晚即泄密给日方，蒋介石严令彻查。不久黄濬以叛国罪被判处死刑。此事愈传愈奇，至今与黄濬案有关的日本女谍南造云子时常可以从电视剧里见到。但说起来，历史上并没有南造云子这个人，连"南造云子"这个名字都不是一个懂日语的人编造出来的。黄濬案本身的真实性问题不大，但严重性可能被高估了，最可能是国民党政府用低级情报泄密来掩盖军事上的重大溃败。

真正让我服气的风雅罪人，是香港前政务司司长许仕仁，官职仅次于特首的许仕仁工资不低，但开销实在太大，尤爱现场享受音乐，每年都会前往欧洲欣赏歌剧及古典音乐会，足迹遍及柏林、慕尼黑、巴黎、罗马、萨尔斯堡等音乐名城，旅程通常七至十日，有时花费高达 30 万元。根据刷卡记录，4 年来单花在店铺"香港唱片"购买唱片、CD 或歌剧 DVD，已达 200 多万元。尤其令人扼腕叹息的是，在被捕前，2013 年底许仕仁已经破产。

记者虽没像生擒丁默邨那样放送猛料，但事后描述许仕仁狱中生活文字，补刀更加凛冽："一般而言，监狱和设施会在饭堂及活动室置有电视机，播放新闻报道或预录的电视节目或剧集……赤柱监狱更有由在囚人士组成的乐队，并设置演奏训练室，让在囚人士以音乐陶冶性情。"品味再三，字字如割，思之泫然。

回过头来说茶叶，据茶叶行家称，白恩培书记不太懂茶，爱茶的副省长孔垂柱坠楼，云南最懂茶的副省长沈培平如今已在狱中。余秋雨先生在《极端之美》一书中曾对沈培平的造诣不停点赞，值得再写一文细细品味啊。

薛定谔的猫与茶

余秋雨有本书叫《极端之美：书法、昆曲、普洱茶》，其中写普洱茶的文章第一句是这样的："一个人总有多重身份，往往，隐秘的身份比外显的身份更有趣。"接下来饶有兴味地提到自己作家之外的"普洱老茶品鉴专家"身份，还特意说，"不好意思，这是我的一个秘密身份的无奈'漏风'。"

更有趣的在后面，余秋雨提起"云南籍的普洱茶专家沈培平先生"，读者如果心浮气躁，可就错过了沈培平的另一身份——云南省副省长。不过，余秋雨文中也暗示过："他是一位宏观的管理者，既有科学思维，又有敏锐口感，因此对各种品牌都有一种鸟瞰的高度。""宏观的管理者"，应该指的就是副省长。

此书出版五个月后，沈培平"接受组织调查"，书则再版多次。一年后的 2015 年 12 月，沈培平因受贿罪被判 12 年。

媒体称沈培平收受的是"雅贿",公诉机关指控其收受的贿赂折合 1615 万元,大部分是普洱茶,此外有一小部分玉器。在法庭上,辩护人为他做罪轻辩护,称"收受的贿赂主要为了进行普洱茶的推广和研究"。沈培平曾说:"我是 2001 年开始收藏普洱茶的,收藏最久的有上百年。普洱茶是云南特有的文化瑰宝,应该把这独有的东西做大,刚做省政府副秘书长时,我就搞了一系列的推介活动。当时省政府大院里面只有为数不多的几个人对普洱茶情有独钟,而现在,省里的领导大都喝普洱茶。"沈培平出过几本书,博士论文题目是《云南省普洱茶产业发展研究》。

媒体称沈培平收受的普洱茶中有标价数百万一筒的顶级普洱茶。但,这个信息未免太简单了。

看官忍不住会问:数百万一筒是怎么回事?尤其担心的是,会不会是假的?毕竟 2007 年普洱茶界发生过让一些人永生难忘的暴涨暴跌行情。我听过最隐秘也最劲爆的说法是,连某高冷的著名国际金融服务机构也参与炒作他们应该没喝过的普洱,可想而知,场面混乱到何种程度。当市场上已无茶可炒,有麻利的商家干脆将绿茶压成饼,冒充普洱茶投入市场。最后,有人将树叶压成饼去试,居然也有人接手……在那个瞬间,买家已不在乎笋壳包装物里是什么了,真假无所谓,重要的是击鼓传花的最后那一位是谁。泡沫破灭,他手里捧的是什么已不重要，因为什么都不值钱了。文青爱传播一个假想的物理实验——"薛定谔的猫"，在有放射物与猫的密闭空间里，有50%的概率放射性物质将会衰变并杀死这只猫。在密闭空间外，薛定谔假定箱子里的猫生死叠加，非生非死，既生又死。我们不妨可以假设在疯狂念力所扭曲的市场里，笋壳包装中既是茶也不是茶，既升值又贬值。

前不久流传的投资童谣半真半假，欢笑中伴着泪水："土豪死于信托，中产死于非标，屌丝死于P2P。"叶檀的评论是，信托极少违约，尤其是面对富豪的信托，"没有一家信托公司会有意去富豪那儿违约——那它是不想活了"。

茶叶行家也告诉我们，普洱茶价格起起伏伏，但那些远离大众的古董级的普洱茶，从来都是一分钱不会少的。2013年"嘉德秋拍"，产于20世纪初的福元昌圆茶（一筒七饼）拍出了1035万的惊人高价。2016年5月，北京"东正春拍"，百年红标宋聘号圆茶一饼以260万高价落槌。

神秘莫测的"福元昌""宋聘"，沈培平是接触过的。余秋雨请沈培平就"号级茶"进行排名，沈培平给出了他的名单："宋聘""福元昌""向质卿""双狮同庆""陈云号""大票敬昌""同昌号（黄文兴）""江城号""元昌号""兴顺祥"。

正常情况下，贵有贵的道理。这些藏品首先是工艺好，用余秋雨的话来说，"每次喝宋聘，总是多一次坚信，它绝非浪得虚名。与其他茶庄相比，宋、袁两家的经济实力比较雄厚，这当然很重要，但据我判断，必有一个真正的顶级大师一直在默默地执掌着一部至高的品质法律，不容有半点疏漏"。

让人扼腕叹息的是，这些"顶级大师"在1949年后因成分不好，大多逃往东南亚。他们的产品存世稀少，"车顺号"据说世界上只有四片了。

"号级茶"好是好，但当时并不太贵。在最大消费地香港，富人在茶楼是掰开就喝的。1997年回归前，虎视眈眈、蓄谋已久的台湾茶商从忐忑不安的香港商人手里将茶席卷一空。从此"号级茶"就消失了，我们只能从拍卖行与骗子的口中听到一些逸闻而已。

贵的原因无非有二：第一，"号级茶"工艺成谜，极难复刻。其次，偌大的中国，稍有文化底蕴的家庭能否在一百年里在安静的角落存放一饼茶？难。

反过来说，一百年来如果工艺传承，国泰民安，"宋聘""福元昌"能一直源源不断地问世。如果我们用薛定谔的眼光来看，在那个平行空间里的另一个沈培平的贪欲，无非是个人的小毛病而不是危害国家的深重罪孽了。

茶趣

茶与 iPhone

既然茶已如 iPhone 一样，从不同角度席卷我们的生活，所以我们值得冒险将这两者做一个比较。尽管一种是有机物，一种是无机物，但它们之间的相似性更多，价格贵尤其是令人诟病的一点。

"校园贷"与"裸条"事件曝光，各种难以服人的谴责之声刺耳地出现了。美国卫斯理安女子学院发表的看法则令人欣慰："我们注意到，中国的舆论对相关女大学生更多是谴责的，从道德和理智两方面对她们进行鞭笞。""然而我们认为，这些女大学生的不合常理的行为——为了满足超出自己消费能力的购物欲望而采取非理性的方式来获取钱财——非常符合购物精神障碍的症状。"如果是这样，这些购物狂（学名 Oniomania，购物精神障碍）的牺牲品，她们需要的不是道德谴责或知识教育，她们迫切需要的是马上得到心理干预甚至药物治疗。

此前治疗此类病症的办法是"剁手"——虽说狂暴实则戏谑，但"药物治疗"一出现，心理层面的气候就更雪上加霜了。在我看来，对于一些轻度购物狂"患者"，也许iPhone这类上瘾性商品（上瘾体现在非买不可，年年要买）既是病因，也是良药。这些"患者"的行为符合逻辑，购物行为发生后，相关症状停止，不符合购物狂"停不下来"的特征。

茶叶也很贵，买起来有时不是论件而是论"间"——一间房还是两间房。宋徽宗在名著《大观茶论》中兴致勃勃地讲述了买茶的必要性："百废俱兴，海内晏然……缙绅之士，韦布之流，沐浴膏泽，熏陶德化，盛以雅尚相推，从事茗饮。故近岁以来，采择之精，制作之工，品第之胜，烹点之妙，莫不盛造其极……而天下之士，励志清白，竞为闲暇修索之玩，莫不碎玉锵金，啜英咀华。较筐箧之精，争鉴裁之别，虽下士于此时，不以蓄茶为羞，可谓盛世之情尚也。"

大意是，如今是太平盛世，中产阶级追求雅致的风尚，开始饮茶，从而推动了茶产业致力于生产高档产品，于是互动产生了：品鉴水平增高，茶叶价格走高——只要是贵得有道理，如此相互影响，进而演变成一种循环，当然是恶性的——这就是盛世的风尚，徽宗说。

这种奇谈怪论今天听起来很新鲜，但中国思想史上的确存在着关于奢靡的长期讨论。在《管子·侈靡》中居然有"善莫于奢靡"这样的话。他主张厚葬：坟坑巨大，穷人有活干。墓表堂皇，雕工有事干。棺椁大，木匠生意兴旺。殉衣多，刺绣女工繁忙。

《晏子春秋》中也有类似记载，饥荒出现时，晏子请景公开仓放粮，景公不允许，因为这时景公有个楼堂馆所的修建计划停不下来。晏子经过周密计划，决定提高工钱，从远处进原材料，工期整整拖了三年。工程完工后，老百姓也摆脱了贫困。

宋朝范仲淹也推行了这种做法，不仅搞"工赈"，还有"岁荒不禁竞渡，且为展期一月"的措施。"竞渡"估计不仅仅是划龙船这么简单，可能还伴随一些大操大办、大吃大喝。

明朝学者陆楫对此进行了更多思考，他在《蒹葭堂杂著摘抄》提出"吾未见奢之足以贫天下也"，认为节俭仅对个人和家庭有利，从社会考虑则有害："自一人言之，一人俭则一人或可免于贫。自一家言之，一家俭则一家或可免于贫。至于统论天下之势则不然。"

随后一些名人如法式善、顾公燮等人都发表过类似观点，但经济学知识往往不受重视，加上人们忘性大，过几百年争论又会起来，有时甚至更加激烈。

明人谢在杭的《五杂组》说到福建上元节（元宵节）灯市之盛，"蔡君谟守福州，上元日命民间一家点灯七盏。陈烈作大灯丈余，书其上云：'富家一盏灯，太仓一粒粟。贫家一盏灯，父子相对哭。风流太守知不知，犹恨笙歌无妙曲。'"

陈烈创作的这种忧国忧民的顺口溜有价值吗？风流太守蔡君谟是否冤枉？事实是否会反转？谢在杭拿莆田和福州两地的灯光节盛况进行了客观比较，对陈烈一言不合就开地图炮的行径进行了揭露：

吾郡至今每家点灯，何尝以为哭也？烈，莆田人。莆中上元，其灯火陈设盛于福州数倍，何曾见父子流离耶？大抵习俗所尚，不必强之。如竞渡、游春之类，小民多有衣食于是者。损富家之羡镪（多余的钱），以度贫民之糊口，非徒无益有害者比也。

所以事情已经很清楚了，病友有多余的钱如果找不到合适的投资方向，不如买买买，疗效与价格挂钩也说不定；有的病友没有多余的钱，又感到心理压力巨大，买药就对了。

撒拉亭：年轻的茶

韩瑞玲用一套汉代风格的茶具泡普洱。圆润的瓷碗，一柄长长的茶勺。她慢慢用茶勺沿着茶碗内缘在水面刮圈，让茶水顺着茶勺的小孔流进勺子，两三圈之后半勺茶满了，便分到前面的茶杯。她也抿了一口，"我没有试过用这个器皿泡普洱，还是很好喝嘛"。韩瑞玲一边泡茶一边说。她的茶室"撒拉亭"，位于广州 CBD 中心。在傣语里，"撒拉"是"水"的意思。

很多人想开一家吸引年轻人的茶馆，但是只有胆大、爱旅游的出版社编辑韩瑞玲做到了。去年她已经有了两个茶空间、十个专卖店，在残酷的市场里幸存下来，她成为很多人研究的对象。但是从投资学的角度出发，韩瑞玲并不认为自己成功："我拿这个钱去投资别的生意一定比我做茶挣得快。"

韩瑞玲四年前开茶馆纯粹是为了"好玩"。之前她第一次认真喝茶，结果醉成"一个大字"，在沙发上躺了三个小时。

这次体验让她知道茶的厉害，而她真正走上茶路，则源于云南的一次旅游。

在普洱暴跌之后的 2008 年，她去了云南，云南茶马古道上有很多撒拉亭给过路人休息。亭子里有一坛水，"荒郊野岭的，我不敢喝，向导敢喝，他说当地的人是有信仰的，这些水就是为了传达一份自己的善意。我问这个水他们会换吗？他说从来都没有想过这个问题，既然有人建了这个亭就一定会换这坛水"。

这个故事影响了她的价值观。回来后，她在广州创办撒拉亭。

她办茶馆的逻辑一开始就和传统茶人不一样。学设计出身的韩瑞玲不能接受她认为不美的东西，还去景德镇开模烧制茶具。除了提供给人喝茶的茶馆，她也把设计的茶叶茶具卖出去。

撒拉亭的粉丝每隔三天一定来店里报到。有写字楼白领来这里谈工作，也有谈情说爱的，还有好几对情侣到这里求婚。"每个中国人的基因里都有茶的世界，只不过需要一个途径去点燃它。对的气场跟感觉是很重要的。"从开业之初，每天来来往往的客人自然而然形成了一个年轻人的茶友会，老粉再带新粉进来。撒拉亭每两周举办小规模的茶友沙龙，依次用十款不同的茶作为主题，邀请专业的茶艺师讲课。

来这里的年轻人既喜欢撒拉亭的茶也喜欢它的空间。"我以茶馆的角度出发，我的茶选择多，我们要求的就是好喝。好喝就行。"

"中国茶最美的魅力不是让人消极避世"，韩瑞玲不反对传统茶人喝茶时表现出闲云野鹤的态度，"但是绝大多数人都不是闲云野鹤，都是像我们这样上有老下有小，背负着责任和自己的爱好，这才是正常的人。"韩瑞玲不认为喝茶能够喝出"和敬清寂"，"和朋友在喝茶过程中想出一个新的想法来，把这顿茶喝赚了，才是中国人喝茶的真实状态。"

有些茶会禁止在茶席上谈论股票、谈论不愉快的事情，但韩瑞玲不这么理解，真正会喝茶的人通常是一边聊天一边喝茶的人。"我就是撒拉亭那一罐水，喝完之后你该炒股炒股，该干吗干吗。"

她尤其看不惯"老男人玩茶"，比如在船木茶桌上喝茶，用近几年流行起来的古朴风格的柴烧茶具，她受不了。

"你觉得美吗？反正我觉得不美。"

（下文是作者对韩瑞玲的采访，作者——Q，韩瑞玲——A）

喝茶就喝茶，不要装

Q：什么时候喜欢喝茶？

A：三十岁以后，大概是生完孩子以后。

Q：最开始是喝什么茶?

A：我第一次喝茶还是蛮搞笑的，在朋友的公司里面，铁观音、普洱、碧螺春，三种茶同时喝，我就醉倒了，一个大字躺下去。

Q：从此很喜欢喝茶?

A：没有，从此很讨厌喝茶。后来是因为2008年去了云南茶山采茶，无意中引路的人刚好是云南普洱茶手工技艺非遗继承人，运气比较好，没有走弯路，知道好和不好是什么样子。

Q：当时你想过要做茶吗?

A：有冲动，但没想过要做茶。一般人认为茶是高大上有文化高雅的，提升人的档次。其实我们想要传递的是东方的生活气质。

Q：为什么有这么多年轻人来?

A：我们从一开店的时候一直都有聚会，我们没有太刻意，自然而然形成了一个年轻人的茶友会，就是喜欢来这里，老粉带新粉。

Q：为什么坚信会有年轻人来喝茶？这里的价格不便宜，和传统茶馆比完全是新的事物。

A：每个中国人的基因都有茶的世界，只不过需要一个 channel 去点燃它，那个气场跟那个感觉对了是很重要的。我也从来没有想过我会碰这玩意。

Q：开始的时候没人敢进吧？环境挺漂亮的，收钱很贵吧？

A：我们也不知道这个地方适合谈恋爱，没有想过会有情侣进来，经常有人求婚什么的，年轻人，我们已经遇到好几单。而且我们这里很奇葩，有一天来的全是女的，有一天全是男的，好好玩的。喜欢撒拉亭的人很有意思，有的喜欢到入骨，我们遇到过最古老的粉丝，隔三天来报到。

Q：那么多茶叶店，别人为什么要到你这里来买？

A：大家做法不一样，我的特点是我的茶选择多，我是从茶馆的角度出发的，一般做茶是以产地，比如做普洱就单做普洱，实际上人总不能天天喝普洱。我们的东西是注重设计。自己的茶具基本都是自己设计的。

Q：这方面很多人都想得到，做出来能够成功的就不多了。

A：我是读设计出来的好吗？我大学的时候就知道怎么做陶瓷了。电烧柴烧我都有，就是没有原始人那种，不美，丑。如果这个东西不美，我真的会一脚把它踹死，美是有准则的，不能乱来的。古朴也有古朴的美，但是它已经古朴到不美了。

中国整个茶叶界就是皇帝的新装

Q：你觉得传统茶人是怎么样的？问题在什么地方？

A：他们也挺成功的，但是他们走的道路和我想走的道路不一样，我也从来没有想过走他们的道路。世界上每个人都是不一样的，我从来不会去诋毁传统茶人，因为他们有他们的逻辑，我有我的一套逻辑。

Q：你强调的是形式上的东西。

A：形式跟内容是相辅相成的，他们认为茶人是要穿粗麻布的，我是一个时髦的人，我受不了。最重要的是大家对生活的态度不一样，我认为传统茶人对茶的态度是要表现出很闲云野鹤的状态。

Q：有问题吗？

A：我从来不否认他们的态度，但我很清楚自己不是那样的人，绝大多数人都不是闲云野鹤，都是上有老下有小，背负着责任和自己的爱好。我觉得中国茶最美的魅力不是让你去逃避，生活这种东西就是先苦后甜，茶也是一样的。我对东方生活的理解从来不是消极的，而是很积极很入世的生活态度。

Q：怎么在喝茶中面对烦恼呢?

A：你觉得我们现在喝茶就成了闲云野鹤吗?

Q：有一点。

A：没觉得我们两个喝茶喝得很开心吗?

Q：开心，和闲云野鹤式的聊天也没有本质的差别吧?

A：差别可大了，至少你现在跟我聊有用的东西，你不觉得他们在茶馆里面聊的东西很不靠谱吗?经常聊古玩啊，大师啊。

Q：但是传统茶会是有道理的，比如说禁止谈股票，禁止谈不开心的事情。

A：干吗禁止谈股票……

Q：谈股票也许会妨碍品茶。

A：我就是撒拉亭那一罐水，你该炒股炒股该干吗干吗。

真正会喝茶的人通常是一边聊天一边喝茶的人，真不会喝茶的
是蒙起眼睛的人。

Q：撒拉亭倡导的生活态度是怎样的？

A：东方人的价值观和西方人是截然不同的，西方人的思
维里面非 A 即 B ，但是东方人的思维里面，出世是为了更好
地入世，这是西方人无法理解的。茶的价值观体现在东方人价
值观里韧性的美学。要是拿自己的短跟别人的长比，你就死翘
翘了。

Q：你对传统茶道的看法是怎样的？

A：我一直觉得很扯淡，"和、敬、静、寂"，我说有几个
中国人是真的喝出了这一套玩意？你从福建喝到潮州，从潮州
喝到四川都没有喝出这四个字来。绝大多数人是一起谈古论今，
聊出个什么新的想法来，今天这个茶喝赚了很开心。这才是中
国人喝茶的真实状态。

中国整个茶叶界就是皇帝的新装，所有人都说皇帝的新
装很漂亮，但是没有敢说真话的孩子，因为说假话的实在太多
了，真话都不敢说，怎么能振兴！

Q：所以你的经营方式是真实。

A：真实就好了，不要装。

我们的办法是小刀割大树

Q：中国茶行业现在最需要做的是什么？

A：中国茶需要做的是接地气，但是接地气有很多种接法，他们把茶做成金融工具，中国人非常好赌，对金钱反应能力很快的，其实也无可厚非。像某茶企（编者省略），就是一堆有钱男人的玩具嘛，跟我们小时候男孩玩公仔纸是一样的，只要找对他要的人群就好。但是你拍着公仔纸，又想做时尚的东西，很显然是两个套路了。

Q：如何看 2015 年的行情？

A：我觉得是黎明前的黑暗，但是黑暗期有多长不知道，从钱的角度来说，我拿这个钱去投资别的生意一定比做茶挣得快，我只是因为好玩我就做了，所以没有觉得我多成功。如果从投资学的角度，我就是不成功的。

Q：撒拉亭的茶不强调山头，为什么？

A：玩普洱有很多种玩法，到冰岛包一棵古树也好玩，但是我知道这种玩法适合玩家。撒拉亭一直以来对茶的理念的界定就是消费品，我们从来没有顾虑过我们的消费者特意去收藏茶。民间的传统我们也是尊重的，白茶在当地有自古以来的属性，五年的白茶就是药，消炎降温的。对于茶，我们鼓励的是消费品，只有用来喝的时候中国茶才能振兴。没有人藏咖啡，也没有人炒老咖啡。撒拉亭的理念，茶是消费品，我们没有鼓励藏茶。

Q：也不强调古树纯料？

A：山顶老树跟人工培植的区别，这是撒拉亭承认的，两个味道确实区别很大。但拼配茶不一定就不好，很多时候能够弥补这个短板，对你的口感没有坏处，我们要求的就是好喝。是拼配的我们就告诉你是拼配的，好喝就行。我们吸引更多的是实际喝的人，我们的办法是小刀割大树。

冰岛问茶

爱茶的人，往往也是见异思迁的人。我接触到武夷岩茶后，眼界大开，世界仿佛扩大了好几倍。随后喝到普洱，方知云南大叶种茶的悠长传说。不过，这种"发现"之喜悦不是从今天开始的，清代袁枚早就在他的《随园食单》中写道："余向不喜武夷茶，嫌其浓苦如饮药。"在领略了真正的武夷茶（也许就是贵的）后说："令人释躁平疴、怡情悦性，始觉龙井虽清而味薄矣。""释躁平疴、怡情悦性"表面上是一种新说法，但也符合卢仝"破孤闷、通仙灵"的标准。

喝普洱后恍然大悟的人更多，就不必举例了。饮茶人最后的圣地往往是某座"名山"。立春后，朋友圈里的茶友，不是在这座山就是在那座山。与他们合影的，不是少数民族部落的王子就是公主。我想去的是冰岛村，隐秘的动机其实是想印证我喝过的冰岛中，到底哪一杯是真的。

2015 年 3 月 20 日，我乘坐 10 点 35 分的飞机从广州新白云机场起飞，到达昆明长水机场时已经是下午 13 点 15 分。再次登上飞机是 16 点 50 分，飞行大约 40 分钟后抵达临沧。

临沧因濒临澜沧江而得名。见到临沧机场的数驾战斗机我才醒悟过来，这里也是近期果敢战事新闻里频频被提到的地点。雨刚停，停机坪上尚有水渍，年轻人靠近战斗机拍照，经人反复警告还不听，结果被野战军士兵用自动步枪指着删除照片。

深呼吸一次，这里的确已是国家的边陲，云南奇特云朵之下，我们在黄昏中继续出发。前方是双江拉祜族佤族布朗族傣族自治县，全国名字最长的少数民族自治县，因澜沧江和小黑江在县境交汇而得名。神奇的北回归线横穿县境，被称为"太阳转身的地方"。214 国道旁是油菜，随时可以看到的茶树，远处不知是种着何种农作物的梯田……

当晚夜深才入睡，凌晨三点炮声响起，以为战事加剧，清晨方知是炸山修路。

去往冰岛的路崎岖难行，浮尘盈尺。多处塌方，在好几处严重的地方，众人下车，快速步行通过时还能听到山崖上碎石掉落的声音。有的地方要等待抢险挖掘机工作数小时之久才能通行。

道路越来越狭窄，大巴最后在盘山公路蜿蜒而上，终于抵达。

经过众多挂着某某茶叶初制所的门，穿过停车场，沿着一条小路行进，路旁和不远处的山上处处可见大叶种茶树，两三层楼高的古茶树比比皆是，大都挂着标牌，有中文名与拉丁名，除了科属种还有横坐标纵坐标，海拔、胸径、树高等数据。

冰岛村群山环抱，空气清洌，有如仙境，寿命长达六百年的古茶树高大葱茏，生机盎然。茶树在海拔 1400-2500 米的烂石土中生长，与《茶经》中烂石生好茶的描述若合符节。近旁是冰岛村民一栋挨着一栋的别墅，村子中央的停车场停满了挂着各地车牌的越野车。

茶农早已垒锅起灶，柴火燃旺，刚摘下的鲜叶就在此杀青。直径七八十公分的锃亮大铁锅微微倾斜，锅里放着少量的鲜叶，皮肤黝黑的小伙子挑、翻、抖、抛，双手舞动后，鲜叶慢慢软绵卷缩，逐渐形成光润的外观。

地上的竹席薄薄摊着已杀青的茶叶。另一边，已有急性子在冲泡今年春天第一杯冰岛了。茶人常说"喝熟茶、藏生茶、品老茶"，原因在于生茶往往猛烈刺激有涩味，需要储存多年。但冰岛古树茶入口顺滑，回甘迅速。

冰岛古树茶在 2005 年之前并不出名。它的成名离不开普洱茶热以及 2007 年之后茶人对古树茶的追捧。明成化二十一年（1485 年），双江勐库土司罕廷法派人到西双版纳引种 200 余粒，在冰岛培育成功 150 余株茶树，不断繁殖发展，清朝至民国初，逐渐扩大到勐库镇坝卡、懂过、公弄、邦改，沙河乡邦木、邦协等地，并形成了勐库大叶群品种。根据专家查证，1980 年时冰岛尚存直径为 21.3 厘米的古茶树 10 余株，其中一株直径达 32 厘米，树高 8.6 米，树冠覆盖直径 9 米，年产干茶百余斤。

今天冰岛村茶商与散客络绎不绝，据村长赵玉学介绍：大树鲜叶价格每公斤四千元。鲜叶制成毛茶一公斤为一万六。换算一下，大树每斤八千元。我打听到树龄稍短的中树茶（味道也很好）每斤三千多元。这个价格其实并不高。如果不那么挥霍（同时可以喝点其他的茶），一斤冰岛茶可以喝一年。我想不起来其他有什么奢侈品可以让普通人享用一年。

冰岛茶的实际产量，包括冰岛古寨、南迫、坝歪、糯伍、地界五个自然村，全年产量在 30 吨左右，而市面上的冰岛茶保守估计在 1000 吨以上。所以，真正的喝茶人宁可自己上山来采茶而茶商望山兴叹。

这种自己上山来买茶的人被茶业界人士称为"茶山规则的破坏者"，的确，他们破坏了目前茶业界的规则，但茶叶界如果不能够保证市场上全部茶叶产品的真实性，所谓的"规则"就没有保护到喝茶人。

一个郑州的茶商对我说，价格太贵了，只有你们喝茶的人才买得起，今年她只有空手而归了。这话今年看也许是对的，她可能很难将这个价格收的真正冰岛茶卖出去。茶并不贵，真正贵的是信任。

冰岛茶的滋味

朋友寄来普洱茶，包装纸中间有"冰岛古树"四字。茶是2016年4月6日制成，隔纸可闻到干茶香气馥郁，沁人心脾。那周恰好工作繁忙，没有开汤。

一周后周末，广州天气晴朗，决定喝茶。打开包装纸，茶饼紧结可喜，条索清晰，颜色深绿，显毫。香气正，有细微蜜糖味，收敛，无常见新茶摇曳生涩之香。

用茶刀取5.5克茶入盖碗，十秒出汤，第一泡茶没有倒。味淡，香气并不高扬。第二泡茶汤色浅但明亮，滋味醇厚鲜爽。

第三泡滋味更加醇厚，苦味涩味不易觉察、转瞬即逝，冰糖味明显，茶汤浓厚缠绵。

接下来的几泡，口腔被饱满的茶味占据，茶汤的甘甜和后韵让人心旷神怡，两颊生津不绝，茶气聚集头顶。此刻，唯一的想法是不被打扰，只等着强劲的牵引将自己带得更远。

一直喝到了十八泡。

2015年我去过冰岛老寨，仰望树干、摩挲树皮，看茶农采茶、杀青、揉捻……被傣族祖先对茶叶种植的理解折服。在气温、土壤、降水等因素绝佳的山头，培育出有灵性的茶，一定是积累了上千年的智慧。关于冰岛的文字不少，多为网络辗转稗贩。当然亦有少量佳者，詹英佩《茶祖居住过的地方——云南双江》一书最为丰赡可信。书中提到，土司罕廷发1480年到勐勐任职，1485年派人去西双版纳引茶种。在这之前，布朗人已经有很长的种茶历史。傣族土司几百年的特权和地位为冰岛茶身价独高、声名远播提供了条件。

目前普洱茶中，价格最高者是冰岛，老班章次之。就我喝过的冰岛与老班章而言，可以说是各擅胜场，难分轩轾。价格差也许与原料有关，老班章产量大约为20吨，冰岛的产量10吨不到。常有人说冰岛价格太高，其实比冰岛老寨价格高的茶很多，福建安徽浙江都有，但味道能胜过冰岛的就不多了。

为了买到真正的冰岛茶（冰岛东半山坝歪、糯伍，香气高扬，西半山地界、南迫茶气强劲，而冰岛老寨两者兼而有之），各地茶商每年采茶季都亲赴冰岛村收茶。韩国人对冰岛古树茶追捧入迷，每年春茶刚发芽就进村驻守，茶农采茶时便站在树下等着收鲜叶。茶的热度，反映的只是文化断层多年之后，复兴所带来的新奇感与稀缺感。

常听人讲，茶不过是一片树叶，是人类让茶具备了种种奇妙的特性。这种说法其实也就是一种新奇感在起作用。茶被古人称为"嘉木""仙叶"，并不过誉。喝一杯茶，会清晰地感受到茶提升了我们自己。人不完美，人的情绪更是涨落无常，而茶中藏有大我。一杯茶汤之外，人的小悲小喜算不上什么。

茶战

杀驸马，就能禁止茶叶走私吗？

中国茶叶史在明朝发生了两件大事。一是朱元璋废团茶（中国文献中的"末茶"在日本流传下去，被称为"抹茶"），改变了整个茶行业的走向。二是为了禁绝茶叶走私，洪武三十年（1397 年）六月，驸马欧阳伦因违禁贩卖私茶，被朱元璋赐死。老百姓极喜欢这样的结局，也愿意按照《铡美案》去理解这件事。在《铡美案》明代故事版本里，陈世美还不是驸马，清代之后成型的《铡美案》有可能是将欧阳伦的事加到了陈世美身上。

《明史》中记载过这个案子，字数很少。洪武十四年安庆公主下嫁欧阳伦。洪武末年，茶禁方严，欧阳伦好几次遣人私贩茶出境，家奴周保尤其蛮横，喝令当地官员摊派民车数十辆供走私使用。逢关卡捶辱司吏，司吏将此事上报，朱元璋大怒，赐伦死，周保等人皆伏诛。

这段往事在 2009 年被改编成福建莆仙戏《天子与娇客》。戏一开头便展现朱元璋治下的大明王朝，文恬武嬉，其乐融融，什么都好。皇帝唯一担心的问题是大臣素质不高，人心不齐。这时，大臣向朱元璋禀报："陕西茶马司又传来急递，边境私茶猖獗，西番诸番落一再抬高马价，西番以乳酪为食，一日不可无茶。"朱元璋说："大明坚守边陲，不可一日无马。我朝思以官茶控之，西番却思以马匹反控。"

这段戏曲对白写得很有水平，短短几句话，将明朝复杂的茶法讲得通俗易懂。而且，"西番却思以马匹反控"这句话还有很强的戏剧冲突。

从唐朝到清朝，中原汉族王朝与边疆民族都有茶马互市。中间仅有两次例外，一是宋朝，政府企图用茶换云南南诏的马，完全没想到对方有茶（宋人当然更没想过云南普洱茶是所有茶叶的祖先）。二是元朝，蒙古族根本不需要和什么人交换马匹，元朝政府只对国际贸易感兴趣，对茶叶这种地方土特产抽重税（宋朝复杂的末茶无法商品化）。生产者、经营者、消费者均要纳税。

清朝皇帝最佩服的是朱元璋的茶法，认为其制定思路非常严密。朱元璋的茶法无非两条：一、压低马匹抬高茶价；二、卖给吐蕃不卖蒙古。卖给吐蕃的原因是唐朝以后，吐蕃因为信仰佛教后（也许还要加上文成公主普及茶道之后），世界观与心性大为改变，不再具有侵略性。而刚刚被驱赶走的蒙古实力不可小觑，值得小心防备。

《茶叶战争》作者周重林认为："有明一代，可谓把茶法发挥得淋漓尽致。"

茶法高明，独占经营，又打又拉，严控私茶，能否实行呢？朱元璋去世后，明朝成为茶叶走私最为严重的朝代。边关茶禁时张时驰，私茶泛滥成灾。宣德八年，巩昌卫都指挥佥事汪寿造店五百余间停放私茶。成化年间，都督同知（从一品）赵英在凉州"纵容家人与哈密回回贩私茶，并买违禁之物"。对贪腐零容忍的明朝，居然有从一品官员参与走私，这是唐宋以来未曾有过的事情。

青海师大教授杜常顺在《论明代西北地区的私茶》一文认为："在茶马贸易中搞独占经营，仅仅是明朝政府主观上的如意算盘而已。"明太宗的时候，甚至对贩卖私茶者凌迟处死，但收效甚微。往往一有动乱，政府都只好让商人进入茶叶转运买卖。政策朝令夕改，非常混乱。

正德末年，浙江按察佥事韩邦奇用民间口吻写诗："富洋江之鱼，富洋山之茶，鱼肥夺我子，茶香破我家。采茶妇，捕鱼夫，官府拷打无完肤。鱼何不生别县？茶何不生别都？"也就是说，茶叶虽然产生过巨额利润，但这些利润往往在漆黑到伸手不见五指的茶法中不知流往哪里去了。

"卖给吐蕃不卖蒙古"茶法能否控制蒙古呢？正统十四年（1449年）明英宗被蒙古瓦剌部也先击败被俘，几乎重蹈靖康之耻的覆辙，史称"土木堡之变"，起因就是这个茶法。

但是明朝皇帝仍然没有悔意。

1541年（嘉靖二十年），蒙古俺答汗多次遣使要求开放朝贡贸易，以实现"永不相犯"的和好局面。嘉靖皇帝奇怪地生气了，不仅羁留使节，还大悬赏格求购俺答汗的首级。俺答汗觉得不可思议，再派使节详细说明诚意。这次嘉靖皇帝明确表达了自己的意思，将使节施了磔刑，俗称凌迟，还"传首九边"。

于是，俺答汗大致明白了嘉靖这个人是个什么情况，连年发兵问候。嘉靖二十年，俺答汗率十万精兵围攻北京，史称庚戌之变。俺答汗这次将商业这回事又介绍了一次："贡道通则两利，不通则两害。"

20世纪60年代才发现的珍贵史诗《阿勒坦汗传》（阿勒坦汗即俺答汗）第一次让我们从蒙古人的角度看待这次纷争：

闻讯外敌来犯之后，

汉国的守军出而堵截沟口，

刚强力大之僧格诺延身先破阵，

携带奇迹般大量掳获之物而还营。

复至大明皇城外将其围攻，

将来战之军消耗殆尽，

大国之众又欢然掳掠后，

勒紧金缰敛兵各自回营。

其后汉国大明汗慑于普尊阿勒坦汗之威名，

派来名为杨兀札克之人，

谓"相互为害不能杀绝斩尽，

故不如和好往来买卖通贡"。

（注：沟口，估计是密云怀柔那边的黄榆沟）

杨兀札克即杨增，说话有点水平。意思大致是斩尽杀绝是咱们人类对付动物的办法，人类自己还是做生意的好。

嘉靖三十年（1551年），明朝被迫开放宣府、大同等地与蒙古进行马匹交易。蒙古如愿以偿地拿到了茶叶。2016年出版的《俄罗斯的中国茶时代》透露，1638年，蒙古人送给指罗曼诺夫沙皇的礼物就是茶。

历史的吊诡之处在于，蒙古人比明朝人更深地理解了茶。

周重林发现，"宋、明、清都设有专门负责管理茶叶贸易的茶马司，明代后蒙政权领袖俺答汗通过茶与黄教的结合而达成蒙藏联盟，清代蒙古族则通过三次熬茶布施把满、蒙、藏三大族贯穿起来。"

明清政府茶马司的管理者了解茶叶吗？他们抬高茶价，但那些世世代代喝茶的边疆人民并不买账。等几十年过去，茶马司的人觉得茶过期了，低价处理这些茶的时候，人民蜂拥前来抢购。

今天懂茶的人都明白，边销茶中的砖茶和普洱经过二三十年的陈化之后，品质会有极大的提高。政府提供几十年的仓库储存之后，低价处理高品质茶，明显对茶并不了解。

在宏观上明清统治者都认为少数民族吃多了牛羊肉，不喝茶无法消化。琦善就认为："外夷土地坚刚，风日燥热。且夷人每日以牛羊肉作为口粮，不易消化，若无大黄，则大便不畅，夷人将活活憋死。故每餐饭后，需以大黄茶叶为通肠神药。"

刚刚接触洋务的林则徐的知识也是来自陈陈相因的不可靠书本，还将关于边疆民族的和茶传说扩展到了西洋人那里："茶叶大黄，外国所不可一日无也，中国若靳其利而不恤其害，则夷人何以为生？"

其实读过《洛阳伽蓝记》的人都知道，南北朝期间，茶传到北方，有人不接受，有人接受。不接受的人讥笑茶为"酪奴"。也就是说茶并非必需品。正如我们喝茶一样，世界上所有的种族都是将茶视为提高生活水平与审美水平的奢侈品。

而民众的生活水平，明清统治者都不觉得存在什么问题。

明代的经济，用吴晓波在《历代经济变革得失》一书的话来说，就是"在宏观经济制度上，国家继续用强有力的方式来管制宏观经济，对外遏制国际贸易，对内搞男耕女织，在工商业领域搞特权经营销售"。

这种特权经营销售哺育了后世被传说得神乎其神的三大商帮：晋商、徽商和十三行商人，他们因特许授权而获得垄断性利润（贸易的大部分产品为茶叶）。吴晓波写道："三大商帮尽管都富可敌国，可都是被豢养大的寄生虫，他们的财富增加与市场的充分竞争无关，与产业开拓无关，与技术革新无关，因而与进步无关。"

所谓乾隆盛世的真相如何呢？英国人约翰·巴罗在《我看乾隆盛世》中如下描述："不管是在舟山还是在溯白河而上去京城的三天里，没有看到任何人民丰衣足食、农村富饶繁荣的证明……触目所及无非是贫困落后的景象。"这与明代韩邦奇的民间观察是一致的。朱明王朝为了所谓的稳定，用专制强权推行的糊口经济学造成了民众长期的低水平生活。

英国经济学家安格斯·麦迪森的研究表明，长达五百多年的明清两朝是一个长期停滞的时期：从1300年到1800年的五百年中，中国的人均GDP增长率为——零。

朱元璋长期自称是自己是农民，所以非常同情农民。但这些话历史学家都不太相信。日本历史学家上田信在《海与帝国》一书里每引用朱元璋的话都会加一段评论——"至少这一时期的话是可信的"。

《剑桥中国明代史》如此评价朱元璋赐死驸马:"皇帝在这时还下令处死了其他一些人:这种种事件表明了一个人长期患偏执狂后会是什么心理状态。他的女婿欧阳伦只不过因为一件比较小的犯法行为——包括私贩茶叶——而被他下令自尽。"

朱元璋到了晚年,仿佛突然意识到了"帝力之微",屡屡发出人生的悲鸣。"我欲除贪赃官吏,奈何朝杀而暮犯","我这般年纪大了,说得口干了,气不相接,也说他不醒",甚至自谦"才疏德薄,控驭之道竭矣"。国家管理仅仅是"控驭之道"吗?其实,过度的控制欲望本身就是一种精神疾患,美国电影《危情十日》以及模仿此片的香港电视剧《巨人》讲的都是这类精神病人。

明代文学家张岱写过一个与精神控制有关的故事,这个故事发生在明朝并非偶然。

　　朱云崃教女戏,非教戏也。未教戏先教琴,先教琵琶,先教提琴、弦子、萧、管,鼓吹歌舞,借戏为之,其实不专为戏也。郭汾阳、杨越公、王司徒女乐,当日未必有此。丝竹错杂,檀板清讴,入妙腠理,唱完以曲白终之,反觉多事矣。

西施歌舞，对舞者五人，长袖缓带，绕身若环，曾挠摩地，扶旋猗那，弱如秋药。女官内侍，执扇葆璇盖、金莲宝炬、纨扇宫灯二十余人，光焰荧煌，锦绣纷叠，见者错愕。云老好胜，遇得意处，辄盱目视客；得一赞语，辄走戏房，与诸姬道之，伈出伈入，颇极劳顿。且闻云老多疑忌，诸姬曲房密户，重重封锁，夜犹躬自巡历，诸姬心憎之。有当御者，辄遁去，互相藏闪，只在曲房，无可觅处，必叱咤而罢。殷殷防护，日夜为劳，是无知老贼自讨苦吃者也，堪为老年好色之戒。

史书描写朱元璋晚年生活状态时有这样两句话，"中夜寝不安枕"，"四夷有小警，则终夕不寝"。这就是典型症状了。

茶叶、来复枪与卡尔梅克人

　　万历三十五年（1607 年）荷兰东印度公司从澳门购买了武夷茶，不过没有文字记录他们喝茶的感受。

　　第一位喝到中国茶并留下看法的西方人，应该是俄罗斯人，时间是 1616 年。在蒙古厄鲁特部招待宴会上，俄国人彼得罗夫十分惊异地看到，端上来的热牛奶中有一种不知名的叶子。这是俄国人了解茶叶的开端。

　　1618 年，明朝派使者送了不多的茶叶给沙皇，沙皇在史籍中沉默着。

　　美国学者艾梅霞在《茶叶之路》、俄罗斯学者伊万·索科洛夫在《俄罗斯的中国茶时代》都确认 1638 年（崇祯十一年）喝过中国茶的俄国人名叫瓦西里·斯塔尔科夫，他是沙皇罗曼诺夫与蒙古土默特部浩特阔特阿勒坦汗联系的使者。

　　斯塔尔科夫呈上沙皇给浩特阔特阿勒坦汗的一封信，可汗邀请俄国人共进晚餐。在晚餐上，蒙古人给俄国人送上一种不知名的饮料。在笔记中，俄国人如此描写这种饮料：浓烈而苦涩，颜色发绿，气味芬芳。斯塔尔科夫猜想饮料是用某种植物（某种树）做成的，他以前从未品尝过。"这种饮料似乎是把某种叶子煮沸制成的，被称作茶"。

阿勒坦汗送给沙皇的礼物中有 200 包茶，但斯塔尔科夫抱怨茶一钱不值，因为俄国人不知道茶是什么。如果可以的话，希望换等价值的黑貂皮，可汗拒绝了。

喝了这次的茶，沙皇很满意。

茶是一样的，但罗曼诺夫沙皇对明朝政府的茶不表态，却喜欢蒙古人带来的茶，这可能出于某种政治目的。但如果换个角度，从年龄来看，沙皇第一次喝茶是 20 岁，第二次是 42 岁。有一种说法认为，人过了 35 岁，才能完全吸收茶叶中的多种成分，才能体会茶叶带来的最大愉悦。

喜欢归喜欢，当阿勒坦汗想要一支有膛线的来复枪，沙皇却没有答应。来复枪是当时最先进的武器，当战略意图尚不明确，沙皇还需要观察。

一年之后，蒙古卫拉特部（又叫瓦刺部、厄鲁特部）的巴图尔珲台吉夺走了阿勒坦汗与俄罗斯的茶叶贸易。这项垄断贸易为卫拉特部带来丰厚的利润，同时他们期待着俄国的枪支。

巴图尔珲台吉的祖先是在土木堡之变俘获明英宗的也先太

师。也先很有想法，曾经想过将明英宗送到南京另立朝廷与北京对抗，但他没有成功。原因在于没有能力凝聚更多的蒙古部落，这个弱点成了后代发力之处。

1640 年巴图尔珲台吉召开了 28 个蒙古部落首领会议，其中最远的来自伏尔加河。会后形成了《蒙古·卫拉特法典》，它在蒙古史上的意义可以比肩成吉思汗的《大札撒》，两者最大区别也许在于前者放弃了萨满教，宣告藏传佛教的尊崇地位。

据宫脇淳子《最后的游牧帝国》一书，此举也许是与皇太极在沈阳开的"库列尔台"（成吉思汗开过同名会议）大会有竞争关系，在这个会议上持有成吉思汗玉玺的皇太极被选举为蒙古人、满族人、汉人的皇帝，此后还成为喇嘛教的最大施主。有语言学家认为"珲台吉"与"皇太极"有同源关系。

据沈卫荣教授介绍，藏传佛教中"达赖喇嘛"原本是蒙古土默特部首领俺答汗（1507—1582 年）于 1578 年赐给西藏第三世"一切智上师"索南加措（1543—1588 年）的封号，而俺答汗的孙子云登加措（1589—1617 年）被认定为第四世达赖喇嘛。从此蒙古人的绝大部分经济收入都流入西藏，用于"进藏熬茶"布施活动。

巴图尔珲台吉的儿子噶尔丹小时候就被黄教认定为活佛化身，他在拉萨长大，和五世达赖喇嘛是朋友——这显然是父亲巴图尔珲台吉意图深远的筹划。可见，崛起的卫拉特部也得到了至少是一部分喇嘛教极强的凝聚力和号召力。

噶尔丹执政的时候有了宗教号召力，继承了积蓄多年的贸易，他攻车臣汗，统一准噶尔，西征撒马尔罕，东征西讨颇为顺利，似乎成为了蒙古人心目中有凝聚力的人。

但他不是成吉思汗，原因之一是藏传佛教有达赖、班禅、章嘉、哲布尊丹巴四大活佛，达赖与哲布尊丹巴之间尚有竞争。其次，艾梅霞认为："噶尔丹继承的是一个巨大而富裕的王国。自1639年以来，准噶尔汗国一直享受着对西北方俄罗斯公国的贸易垄断。准噶尔的疆土覆盖了许多古老的商路，并且有许多能干的商人作为人力资本。噶尔丹在此基础上逐渐发展壮大。"但壮大起来的噶尔丹与康熙还是无法相提并论，

噶尔丹的厉害之处在于，膛线技术刚刚问世，噶尔丹立刻就与俄罗斯展开获取这项技术的谈判。

台湾学者黄一农认为，在那时，康熙派图海用南怀仁监制的"最先进大炮"打赢了吴三桂。在雅克萨战役中，清军的20门大炮是打赢俄罗斯人的关键。胜利之后，为了全力对付噶尔丹，康熙在1689年签订的《尼布楚条约》中作了让步。

1686年，外国使者进贡了"蟠肠鸟枪"（"蟠肠"就是膛线的形象说法），康熙知道世界上有膛线这种技术。据说当时的武器专家戴梓迅速仿制了这种火枪。

1690 年 5 月 21 日，准噶尔蒙古人第一次使用自己生产的火器与满清军队开战。战斗中曾使用的一枝火枪至今仍然陈列在蒙古国戈壁阿尔泰省博物馆内。艾梅霞说："他们制造使用枪支还处于探索阶段，这努力已经太晚了。"

据法国传教士白晋记载，康熙的胜利也并不容易："厄鲁特人（准噶尔军队）仗着排枪的强大火力，迫使皇家骑兵（清军）退出战线。"进攻中，康熙的舅舅内大臣佟国纲也被敌人"用俄制滑膛枪打死"。滑膛枪即无膛线的枪，这是准噶尔部队没有来复枪的另一个证据。

美国的牟复礼教授曾评价说噶尔丹在历史上的影响可与那些伟大帝国的创建者等量齐观。这可能是说，噶尔丹的政治智慧、号召力与眼界已达到那些帝国创建者的水平，但他无法与拥有全球最大经济体与最新式武器的康熙相提并论。

在噶尔丹强悍的统治中，卫拉特人中爱好和平的土尔扈特人自称"天鹅部族"，不喜征战，遇到压力就会展翅飞离。他们在俄国被叫作卡尔梅克人。列宁从小在卡尔梅克人祖母照顾下长大，生活习惯类似于卡尔梅克人。1917 年有个卡尔梅克同志到列宁住处拜会，列宁用奶茶招待他。这位同志奇怪地问列宁："你怎么会喝这种茶？"列宁告诉他："我奶奶是卡尔梅克人，所以我们家都有喝奶茶的习俗。"这位卡尔梅克同志其实有些眼拙，列宁的妹妹玛·乌里扬诺娃曾如此描述过列宁：

"弗拉基米尔·伊里奇极像他父亲。他承继了他父亲的身材、高颧骨、脸型、蒙古型的眼角略为向上的眼睛和宽阔的前额。"

卡尔梅克煮茶和蒙古人的奶茶非常类似。不同的是，蒙古奶茶用茶砖，而卡尔梅克人用散茶。他们把水煮开后投人茶叶，每升水约用茶一两（50克），然后倒入大量动物奶共同烧煮。分两次搅拌均匀，煮好滤渣即可饮用。

总统的茶炊

《俄罗斯的中国茶时代》一书里，作者伊万·索科洛夫信心满满地说："与中国和日本的饮茶习惯不同，俄国的饮茶更接近饮茶的本质。在中国和日本，不习惯往茶里放糖和蜂蜜。而在俄罗斯几乎从接触喝茶起就开始添加蜂蜜，之后开始加糖……"

往茶里加任何东西，都会被严肃的中国茶人轻视。但是，正如佛教未必就是印度的，茶，及其所谓的"本质"，也不一定永远属于中国。在全世界的"茶道"里，我发现自己慢慢喜欢上了俄罗斯人的方式。

俄罗斯人当然会在一个人独处的时候喝茶，也明白茶有提神醒脑的作用。但俄罗斯人会将"幸福"与茶快速而质朴地联系起来。与中国不一样，俄罗斯是全民喝茶。中国的茶人要么钻研极其精深的茶道，这没什么不好；要么一掷千金去品尝昂贵的"好茶",这也还好,但大多数被消费掉的茶叶,其实是一斤五十元以内的、有农残嫌疑的绿茶,这个我就很难接受了。

茶在俄罗斯不是什么个人爱好,而是适合所有人的追求幸福的方式。这里的"追求幸福"值得解释一下,索尔仁尼琴在《古拉格群岛》中介绍茶叶在劳改营里怎样当钱使,怎样沏酽茶——一杯里放 50 克茶叶,喝了脑子里就产生幻觉。

俄罗斯人喝茶,我觉得有意思的是他们曾用碟子喝茶(伊朗人也是,还有术语叫"含糖吸茗")。18 世纪,俄罗斯乡村的人们不是把茶水倒入茶碗或茶杯,而是倒进小茶碟,用手掌平托着,然后用茶勺将蜂蜜送进嘴里含着,将嘴贴着茶碟边,带着响声一口一口地呷茶。从油画《喝茶女》中可以看到,喝茶少女的脸被茶的热气烘得红扑扑的,表情透着幸福与满足。

与其他国家一样,迅速增长的茶叶消费带动了"周边产品"的出现——面包圈、果酱、蜂蜜、蜜糖饼以及后来糖果的大量生产。顺便说一下,腌黄瓜也是俄罗斯人发明的"茶点"(大约在 19 世纪中叶)。

俄罗斯人喝茶最有特色的是"茶炊",这个词经常见到,以前读书不求甚解,印象中似乎茶炊是跟炉子、烧水壶与茶壶都有关系,了解详情之后才恍然大悟。

这种全世界独有的茶具,让法国文人阿·德·古斯丁,一个俄罗斯和俄国生活习惯的辱骂者，这样写道："俄罗斯人，甚至是最贫穷的俄罗斯人，家里都有茶壶和铜制的茶炊，每天早晚家人都聚在一起喝茶……乡下房舍的简陋和他们喝着的雅致而透明的饮料形成鲜明的对比。"

"鲜明的对比"不止于此，他用那恶毒的鹅毛笔继续写：

依旧是泡菜和油脂的味道……我看见一个老太太正在给四五个穿着翻毛羊皮大衣的大胡子农民倒茶。桌子上摆放着发亮的铜茶炊和茶壶，这里的茶还真不错，沏泡得很地道。如果不喜欢喝纯茶，这里到处都有很好的牛奶。当这么有品相的饮料在一个很像打谷坊的杂物间送到你手里的时候（说像打谷坊我是出于礼貌），我立刻就想起了西班牙的巧克力。这只是上千种反差中的一种，让旅人每走一步都会被惊呆的反差。

茶炊成为家中客人围绕的中心，正是它衍生出"俄罗斯式的好客"，在苦寒的冬季营造出家庭的温暖气氛。中国人第一次见到茶炊会觉得眼熟，的确，俄罗斯人自己也认为烧炭的金属茶炊可能来源于蒙古族的火锅。但它当然不是火锅，它是家庭的核心，俄罗斯民族已赋予它一种特殊的精神。

所以，我们可能需要重读俄罗斯的经典了。

普里什文在《大自然的日历》里这样写："此刻我在摆弄茶炊，这是我使用了三十年的一个茶炊。我亲爱的茶炊这时候烧得格外欢快，我小心地侍弄，免得它沸腾起来的时候，淌下眼泪来。"

高尔基在《不合时宜的思想》里觉得茶炊是活生生的人："茶炊被烧得炽热，全身发青，颤抖着低吼道：我再沸腾一会儿，等我感到无趣，就立刻冲出窗外，把那月亮娶回家来……"

此外就更别提契诃夫、托尔斯泰等人小说里频频出现的茶炊了。

1996年，俄罗斯总统叶利钦谋求连任，但竞选对手久加诺夫的支持率让人烦恼地领先着。两人电视辩论前，远在美国的好朋友克林顿派他竞选班子的干将为叶利钦出谋划策，让他回避政治及经济等领域话题，争取在日常生活问题上击败久加诺夫。

不久，叶利钦身穿睡衣，手持一把精致的铜茶炊出现在电视上，一边倒茶一边谈笑风生："茶炊是俄罗斯人家庭生活中不可缺少的一环，也是一种家庭乐趣。可是，很多人大概不会忘记，在前苏联的独裁统治下，茶炊被作为一种资产阶级情调来批判，茶炊成了违禁品；今天，俄罗斯人民都能自由自在地在家里喝茶，毫无拘束地畅谈时政，这难道不是一种进步吗？"此后民意测验中叶利钦支持率扶摇而上，果然连任总统。

俄罗斯人真爱茶，人们渴望挣钱来享受饮茶的快乐，渴望买到最好的茶叶。他们曾尝试自己种茶，但切尔诺贝利核事故毁了他们的茶园。尽管如此，今天，几乎所有的售货亭里都可以花 5—10 卢布买一杯加糖但不带柠檬的热茶，花 10—15 卢布就可以买到加糖和柠檬的热茶。今天 1 元人民币可以换 8 卢布，俄罗斯民众工资不高，中学教师的月收入仅 3000 元人民币。就在我写这篇专栏的时候，80 多个城市爆发抗议活动。收入不高的抗议者与警察也许都会去售货亭买一杯热茶吧。我幻想，有茶相伴的俄罗斯人能延续叶利钦的好运。孕育过纳博科夫、布尔加科夫的民族不能停止写作。

因抗税而诞生的国家

2017 年 4 月 26 日下午，美国财政部长史蒂文·姆努钦发布了该国"历史上最大幅度的减税计划"。从目前公布的税改简要方案来看，未来美国的公司税率从 35% 降至 15% ；个人所得税起征点几乎翻了一番，级数也将从 7 个减少到 3 个，最低税率为 10%。

熟悉美国大选的人不会奇怪，在特朗普与希拉里电视辩论中，谈到提振美国经济这个话题时，希拉里只有空话，特朗普的说法很简单：减税。

为什么要减税？美国其实就是一个因抗税而诞生的国家。

国父抗税

1773 年，英国颁布了《茶税法》。茶叶税率一度高达120%。茶叶贸易长时间以来一直是英国政府获益最大的税收来源，经济状况不太好的北美殖民地深受其苦。

这年 11 月 28 日，英国东印度公司的茶叶商船"达特茅斯号"停靠在波士顿附近英军驻守的威廉要塞。销售这些特批的低税茶叶，目的是挽救东印度公司该年不太好看的财务报表，但可想而知这会严重侵害北美经济。

12 月 16 日，波士顿 8000 多人集会抗议。当天晚上，酿酒商兼社会活动家塞缪尔·亚当斯（美国国父之一）组织的一百多名"自由之子"化装成印第安人上船，将东印度公司三条船上的 342 箱茶叶全部倾倒入海。《马萨诸塞时报》描述道："涨潮时，水面上飘满了破碎的箱子和茶叶。自城市的南部一直延绵到多彻斯特湾，还有一部分被冲上岸。"

这些人被称为"茶党"。

大英帝国与北美殖民地之间开始不间断的摩擦。1775 年 4 月 18 日，英国驻马萨诸塞的总督托马斯·盖奇将军得悉，民兵在距波士顿 21 英里的康科德设有武器库，便出动 800 名英军奔袭康科德，搜剿武器并抓捕反叛分子。

小银器店主人、茶党成员保罗·里维尔的业余工作之一是监督波士顿军队的行踪，另一个工作是收集小道消息、谣传、人们的闲话以及各种新闻。

英军出动的同时，里维尔点亮老教堂塔楼上的报警灯笼，随后出发去通知反叛军首领和居民。他在晚上十时徒步通风报信，向居民大叫道："英军来了！"最神奇的是他在黑夜敲响一家又一家大门的时候，能够准确喊出主人的名字。当他到达莱克星顿时已是半夜。他借来一匹马，以更快的速度传达讯息，许多居民因此逃过厄运。

"茶党之意不在茶，在乎纳税人权利。"一个研究税收的作者如此总结。

佩林搅局

如果不戴有色眼镜看，我们会发现茶党的特点是较为松散，成员为小店主阶层，与民众有极强联系，他们注意收集"民意"，有行动能力，他们认为自己属于国父创立的组织，并且秉承了历久弥新的建国精神。

2008 年是美国的大选年，美国经济哀鸿遍野，"两房"、雷曼兄弟次第崩塌。510 万人失业，股市腰斩……共和党的麦凯恩迎战奥巴马。在议会里运筹帷幄二十年的他对年轻的黑皮肤奥巴马没有把握，决定启用来自阿拉斯加州的女州长萨拉·佩林作为副总统候选人，但是，这一精心筹划的布局唤起的是一股狂飙突进的风潮。

谁也想不到的是，这个茶党成员附身的萨拉·佩林决定造反，她没有目标，她对所有的当权派不满。

记者问这个满嘴跑火车并且不懂政治的政治家："你平时

看什么媒体？"佩林不耐烦地回答："我的信息来源多极了。"

人们以为已了解她了：这是个不读书不看报的人，所以当她谈到纽约时报新闻的时候，引来现场一片哄笑。

布什总统、财政部长保尔森让奥巴马与麦凯恩来开会。大家在桌子两边嘶吼，对骂。即将离任的布什笑着对女秘书说出那句闻名遐迩的俏皮话："你们会想念我的。"说完扬长而去。

会场中剩下的人明白美国已没别的选择，麦凯恩尽管有经验但阵营已经乱套，只有让奥巴马撑住这个场面了。

麦凯恩后来对佩林说："我们输了，你是共和党的未来。疯子们会来找你。"

茶党重生

上任后的奥巴马尽管有宏大理想，但迫在眉睫的事情只有救市，这个左派总统很不情愿地给华尔街银行家发钱。很快媒体发现银行家用这些钱给自己发奖金，饥寒交迫的民众的愤怒被点燃了。右派说奥巴马搞社会主义，左派说他拿大众的钱喂养肥猫银行家。

CNBC 直播中，芝加哥记者咆哮道："奥巴马为什么不建个网站，让大家投票是否支持银行家？"

主持人笑了，想拦，但没有拦住，电视里记者举起双手突然宣布："我们决定成立一个茶党！"

茶党不是个党，不是依靠党员根据章程建立起来的——准确地说茶党是被愤怒者召唤出来的，因此佩林完全可以算是茶党女王。

2009年4月15日是美国纳税日，重生的茶党发动了全国性的游行示威活动。茶党在集会中高举的横幅很有水平："Tax Enough Already！"（税收已经够多了）三个词的打头字母恰好是"TEA"（茶）。最初的茶党也的确是反英国《茶税法》的。

茶党真的能"复活"吗？在西方的传统叙事里，"复活"仅限于在耶稣身上发生的事。我们可以从真正意义上的第一部复活小说《弗兰肯斯坦》看出，"复活"带来的是不祥预兆。

奥巴马一直想办成的医改遭到诡异的抗议。全国右翼电台一直煽风点火。佩林这个时候又适时发声了。她毫无根据地说政府有"死亡评判小组"，这个小组不会管医生的意见，会直接判断病人是否值得抢救。人民被吓得不求证这件事的真伪而直接上街抗议。而"红脖子"（比小店主收入低的白人农夫，据说因为干农活，脖子被晒红）当然第一时间就被煽动起来，他们挥舞步枪，声称自己在保卫爷爷的退休金。

茶党的呐喊当然不在审慎客观的《纽约时报》《纽约客》《大西洋月刊》《GQ》出现，他们的发声平台是小电台、博客与社交媒体。经济窘迫，人人充满愤怒，奥巴马上台后种族问题不减反增，传统媒体束手无策；论发泄愤怒，那自然是社交媒体的拿手好戏。

上任后的议员回访时第一次发现，衣锦还乡的场面没有了。围拢过来的乡亲们手持打印的医改文件，只问一句：你支持还是不支持？支持，下次就不选你了。在PBS的纪录片《美利坚分众国》里，我们能看到在"红脖子"面孔的人群当中，面色蜡黄的中年知识分子议员，退缩了，仓促发表反对医改的声明。

减税承诺

茶党的口头禅常常是这样的：这不是符合"缔造者初衷"的美国！那么，美国的缔造者或者说国父的"初衷"是什么呢？国父们认为联邦政府是一个有限政府，边界非常清晰，它所有的权力都是列举出来的，没有列举出来的权力归各州和人民享有。

可以说美国目前的政府的确有扩大权力的迹象，变得越来越"大"。茶党摆出了一幅完全不信任政府的架势与政府对骂。针对这种局面，奥巴马有时候还表现得很轻松，一再用玩笑来缓解气氛："人类真的登上过月球"以及政府真的没有抓到外星人。

跟《纸牌屋》的场景一模一样，奥巴马在大雪中赶往国会山寻求帮助，但与《纸牌屋》完全不同的是，奥巴马没有可以施展的诡计，也没有什么策略。并且，众议院的民主党席位正如流沙般失去。

当奥巴马被迫去澄清那些无脑谎言，一句句解释他不会给非法移民提供医疗保险时，南卡罗来纳州共和党议员乔·威尔逊在台下无礼喊出："你撒谎！"这种史无前例的事让全体议员深感震惊，奥巴马身后坐着的众议院议长佩洛西脸色都变了。

人们吓坏了。"这是要出事的迹象。他越过了文明的界限。"纽约客的欧逸文总结这一历史时刻。

更可怕的是，洪水般的捐款流向了这个口无遮拦的威尔逊。

茶党将众议院多数党领袖康托赶下台。他上台发表告别演讲前无话可说，只来得及对妻子说一声"别哭"。

媒体人弗兰克·伦茨事后发现，"如果你不够愤怒，你就不能代表他们。如果你不尖叫呼喊，不称呼奥巴马为叛徒，不像那些右派电台和社交媒体那样说话，那你就不够强壮，不够强硬，不够反当权派。"

2015年6月，特朗普才出来。出来得如此之晚，是他终于发现了空间——他要在移民问题上比所有人都右倾。他赌对了。他不说那些失败的竞争对手不愤怒，他说人家"没能量，很弱"。这样也许体面一点。

曾经与特朗普算得上朋友的麦凯恩醒悟过来，开始持续攻击他。没关系，佩林挥着双手来支持特朗普了。支持的理由是"你爱自由吗？你坚持美国宪法吗？"那么你可以投票给特朗普了。

所以，也许有很多"只知道政府很坏"的人投票给了特朗普。特朗普的说话方式、行事风格就像是为茶党选民打造的。所以他一度被称为"最佳总统候选人"。

特朗普的副总统彭斯就是2009年茶党运动的发起人。国务卿蓬佩奥也是茶党。

没错，我们要回溯八年时间才能慢慢弄懂特朗普为什么能上台。这个被公认为"最佳总统候选人"的特朗普，愉快地收编了茶党，因为他的一言一行恰好与茶党期待相符：他了解"民意"、传达民众呼声、直率、没有政治经验。而且，他愤怒得恰到好处。

茶探

广东人的茶

刚来广东的时候，发现粤人的确有些不同：一是"念旧"，在南方琳琅满目的水果档口，脐橙出产地长大的我，惊讶地发现澳门水果商人会特意标榜自己卖的是"旧橙"。崇尚鲜甜口味的我，不得不沉下心来体会旧橙里不声不响、细长婉转的清甜；在茶楼，他们最中意的是陈年普洱茶汤里的醇厚，而不是新茶的鲜爽。后来我得知"去年"在粤语中是"旧年"，对一直追逐新思想的我看来，这种对旧的品鉴态度无疑散发出一种沉稳的气度。

二是"喜多"，广东茶楼的点心样式会让你看花眼。这个"多"我并不陌生：四川小面，浇头里动物品种有五种上下，总数有三十余种；北京小吃可用小楷写满一小黑板。但广州的点心呢？可以多到记不住。如果有电影拍到早茶，必须有一个画面，近视眼一头扎进菜牌，幸福地迷失其中。

大约是 1979 年之后，全国人民都知道了广东人的早茶与消夜，也都爱说广东人在早茶中如何"谈生意"，情况大致属实。

广东人的早茶的确离不开几千年的开埠史，即使在号称"闭关锁国"的清朝，广州仍未断绝与世界的往来。从珠三角出去，远航船舶的吃水线被茶叶与瓷器压得很低。昔日葡萄牙帝国与大英帝国属地所产的物资与全人类烹饪的秘密，汇聚于珠江三角洲的澳门、香港与广州的茶楼了。

一盅两件

早茶首先是"茶"，英语中"tea"的发音据说来自最好的茶产区福建。其次是点心，英语中的"dim sum"无疑来自粤语。在珠三角这个小国际里，福建茶成了中国茶的代表，广东点心代表了全中国的点心。

计划经济时代，美食家赵珩对广州早茶有过精准描述，其中提到两人份的早茶价格是三四十元。而我从小听说的价格就已经是七八十元了。奇怪的是，等我来广州之后，这个价格一直就不变了。

有名气的茶楼需要等位，少则半个钟头，多的时候会长达一个钟头。记得一次我持号逡巡良久，发现有一空位，叫来领班问可否就坐。领班笑了，回头看一眼前台大钟说："这个位，有位老人家每天来。三十多年了。"不久，真有一颤巍巍的老人家拄着四脚拐杖，一步步挪到那个位坐下。我留意她的一盅两件：熟普，一碗粥、一碟白灼芥蓝。据说"文革"期间，粤人仍淡定地在国营茶楼饮茶。

今天，茶楼已成为游客必去场所。不用听说话，就能分出本地人与游客，本地人一盅两件，游客往往会点一大桌子菜。

一盅两件指的是一壶茶，两种点心。点心多如繁星，常点的不外四种：虾饺、烧麦、叉烧包和蛋挞。第一次在广东见到虾饺的人，会惊叹虾个头之大，但其实更讲究的是皮，这点赵珩说的最好："虾饺讲究皮色白且薄，呈半透明状，略略透出点虾色。虾饺成败的关键在于皮，皮的制作要用到澄粉，澄粉即小麦磨浆压干后反复暴晒的产物。澄粉粉质幼滑，色洁白，最大的特点是加温后呈半透明状，软滑带爽。""软滑带爽"，这种口感北方人不太在意，更常见的广东说法是"清甜弹牙"。从这个角度去吃，才能更好体会历代粤菜大师的用心。

烧麦分干蒸烧麦与烧麦，烧麦与北方烧麦算是亲戚，干蒸就更加广东化了。皮中有鸡蛋液与玉米粉，所以偏黄色。多种馅料里有北方罕见的肥猪肉粒、虾与马蹄粒（荸荠），让口感往"清甜弹牙"的方向走得很远。叉烧包在北方人的印象里唤起的是几部香港惊悚片。在广东人看来，叉烧包是一种西关的传统点心。太传统了，以至于拿来形容人的老迈。倒是用吃惯各类包子的北方人的眼光去看，叉烧包带一点喜感，因为它被看作是"有叉烧肉馅的开花馒头"。

蛋挞显然是西点，广州与蛋挞，曾有过一段纠结而惆怅的关系。据香港业余历史学家吴昊考证，19世纪20年代，广州的百货公司就推出了蛋挞招徕顾客，而香港要迟至40年代才出现蛋挞。

今天无疑是"葡挞"的天下了。在澳门买"葡挞"的文青，永远会纠结去玛嘉烈店还是安德鲁店排队。

这对发明出享誉世界的"葡挞"的爱侣，他们之间的种种纠葛仍然困扰着我们大家。其中最痛心、最令人扼腕的莫过于玛嘉烈将安德鲁秘方卖给了肯德基。我在《南方都市报》美食版读过一段疑心病发作的文字："广州肯德基的蛋挞吃起来感觉味道和安德鲁葡挞很接近，甜而不腻做到了，香滑柔软却略嫌不足。或许因为安德鲁葡挞里面混合了安德鲁与玛嘉烈的爱之苦涩吧。"

2006年晚秋的一天，英国人安德鲁先生清晨慢跑后回家，因哮喘病发作去世。

适合钟情，适合创业，但也许更适合分手的大广东啊……

茶与革命

沈宏非解构过早茶，因为广州人24小时都在吃，那什么叫早？什么叫晚？"广州人可以算好了时间，在半小时之内驱车赶到番禺、顺德等地，享用凌晨12点从猪腹和屠房里准时出笼上市的新鲜猪杂。"

去过！

游客领略过广东早茶的细腻与体贴，也领教过广东晚餐的生猛与旷达，但未必知道早茶里除茶与点心之外的第三要素：报纸。

从发黄的旧照片里就可以看到早茶与报纸不可分。内地人觉得广东人会做生意，但不关心时事。有本事去十年前的陶陶居或莲香楼看吧，《广州日报》与《南方都市报》激战正酣。

我刚到广州的时候，《广州日报》超过《南都》多一些，《南都》的反超来得有些缓慢。《南都》老总程益中在上海吃早餐的时候曾经叹息："早晨在明亮安静的餐厅里喝咖啡吃牛油面包，遗憾的就是找不到一张可以看一眼的当地报纸。"

是啊，早餐的时候，怎么能没有一张生猛的报纸看呢？没一张热腾腾刚出印厂的报纸在手，话题能有什么质量可言？早餐怎么能称得上完美？

饮茶，又被粤人称为"叹茶"。"叹"字何意？广州和香港文人有不同的探究猜测，也都同意有"享受"的意思。的确，在计划经济时代生活太久的人，"叹"字勾起的无非是"叹气"与"叹息"，早忘了"叹赏、叹服、赞叹、咏叹"的旧意思，更别提什么"一唱三叹"了。正因为珠三角有可叹之物，所以粤语中又有"叹世界"一说，《蔡澜叹世界》曾是 TVB 很红的旅游栏目。

粤语难学，听却容易。在茶楼听粤人"叹世界"，会惊叹世界之大。有家长里短，也有去世界各地旅行的观感，还有丰富细致到不可思议的个人爱好。聊天中的"喜多"正体现的是物质文明与精神文明的丰富，有了这份丰富，广州人才淡定地持有一种旧观念：走到哪里，他们留心看的都是人们如何"搵食"以及"食乜嘢"。

我们在普通话聊天里常常邂逅的捍卫观念却比较少见。

粤人不捍卫观念吗？20 世纪初"改良派"与"革命派"的领袖康梁与孙中山都是广东人，粤人当然会捍卫观念，只是他们捍卫的地方不在茶楼而在街头罢了。梁启超与孙中山，观念虽不同，做事风格都一样务实。梁启超在美国依靠洪门在华侨（多半也是粤人）中演讲筹款，孙中山也一样。梁启超在日本办报、聚会，孙中山也一样。梁启超甚至考虑过与孙中山一起做一些事，只是不想违背老师康有为的话，放弃了合作。

多年以后，另一个革命党——共产党，建立了共和国。据粤菜大厨讲，康有为的女儿康同璧去北京看望邓颖超，带的手信就是广东早茶里最常见的"萝卜糕"。吃过香糯的"萝卜糕"，你会同意，广东人是理解萝卜最深的人。

百年普洱

都说早茶重点在于吃点心，但广东人并非不重视茶。广东人孙中山说过："就茶言之，是为最合卫生、最优美之人类饮料。"不愧是茶叶消费最大省份出来的革命家，一锤定音。

美食家唐鲁孙说，在茶馆里从茶客喝什么茶，就知道他是什么地方的人。但什么茶都喝的广东人就不一样了。在茶楼，珠三角的茶客常喝普洱（熟）、乌龙、白茶、花茶、龙井。香港人还会喝六堡、老生普等传统茶，而内地快速兴起的立顿在香港销量较少。1997 年，香港年消费普洱茶达 6000 吨，那时大陆喝普洱茶的人可能仅有 2000 人。

普洱茶是云南少数民族喝的一种大叶茶，在陶罐中翻烤，放入糖、炒米等一起喝，浓酽香甜。清代皇室很喜欢用来做奶茶。经过 100 多年，普洱茶成为香港人生活的一个重要组成部分。蔡澜说："移民到国外的人，怀念起香港，普洱好像是他们的亲人，家中没有茶叶的话，定跑到唐人街去喝上两杯……"

20 世纪 80 年代，台湾茶人发现了普洱茶的价值。1997 年香港回归之际，虎视眈眈、蓄谋已久的台湾茶商从忐忑不安的香港商人手里将茶席卷而去。从此，普洱价格扶摇直上。2013年嘉德秋拍，产于 20 世纪初的福元昌圆茶（一筒七饼）拍出了 1035 万的惊人高价。

在 20 世纪上半叶，香港人就这么吃着虾饺烧麦，喝掉了大量的极品普洱。

幸运的是，台湾茶商的强大触角没有伸入广州。所以，至今有一些广州人家里藏着价值连城的茶。有朋友不仅有一屋子好茶，还一改广东人的慵懒作风，直接飞去云南，采茶，炒茶，保持自己的收藏绵延不绝。前几天得知佛山茶人的家事，儿女们分家都不要房子，只要堆成山的好茶。

在广州茶博会或宇宙茶叶中心——芳村，仍然会遇到那些买茶回家收藏的广州人，他们多数已近中年，勤勉、瘦削而沉默。他们在茶博会上辨认懂茶的人，细细问那个永恒的问题："请问，到底什么茶算是好茶？"

茶商的冲动是劝人们多多喝下今年的生普。但生普"刮油"非常犀利，虚弱的朋友根本招架不住。我有一朋友属金链汉子，魁梧彪悍，但半个钟便败下阵来。"感觉像做了一台手术！"他偷偷告诉我。我遥指那些仙风道骨的瘦子们，他们仍端坐如仪，饮下香气袭人的茶汤。金链汉子自愧不如，连连拱手告退。

陶陶居是广东著名的茶楼，提起广东早茶的人都会说起。前不久在陶陶居吃完饭，掌柜海燕女士请我们去她的茶室喝茶，是她自己去云南做的百年古树茶，茶香盈室，另一个房间传来音乐，音质极佳，原来是她在上海找人打造的音响。"做餐饮太累，做茶可以放松自己。"夜晚谈了很多，连财务状况都谈了几句，干净利落，也不觉得不雅，喝茶喝到不知今夕何夕的境地，第一次觉得茶离人太近，根本无法分开。

丝袜奶茶

北方人来到广东，原先的茶叶观念往往会受到颠覆。其实这种颠覆的过程早就发生了，可惜经过 20 世纪多年的纷扰，这个民族积累了几百年的茶叶知识消散了。比如说吧，人们的认知往往跟领导走，北方领导爱喝龙井，龙井就变成了标准。

清朝的袁枚在《随园食单》关于茶的议论最近才频频被人引用："余游武夷到曼亭峰、天游寺诸处。僧道争以茶献。杯小如胡桃，壶小如香橼，每斟无一两。上口不忍遽咽，先嗅其香，再试其味，徐徐咀嚼而体贴之。果然清芬扑鼻，舌有余甘，一杯之后，再试一二杯，令人释躁平矜，怡情悦性。始觉龙井虽清而味薄矣；阳羡虽佳而韵逊矣。颇有玉与水晶，品格不同之故。故武夷享天下盛名，真乃不忝。且可以瀹至三次，而其味犹未尽。"

如果这段文字得到更为广泛的传播，关于茶叶的争论就会少一些。首先，茶叶的作用真的就是"释躁平矜，怡情悦性"，如果效果不明显，再贵也没用——一件商品贵要贵得有道理，让人猜、让人悟的极品恐怕小心一点为好。其次，"觉龙井虽清而味薄矣"这句话虽然在茶人中不算出格，但在普通人听来却如晴天霹雳。普通人虽说从龙井中品尝不到多少"释躁平矜，怡情悦性"的效果，但多数会极力捍卫龙井的地位，这是一件奇怪的事情。

大致勾勒出茶叶的版图与歧视路线图，我们再来谈谈奶茶吧。在茶人世界里，往茶杯里加任何东西都是没有品的，但奶茶却在这种歧视的气氛中慢慢生长成一种怡人的饮品，真是耐人寻味。

广州触目可见大杯奶茶。大多数旅游者起初只能品尝到奶茶中的"奶茶"味，至少要喝二三十杯从冰冷到滚烫之间不同温度的奶茶，才意识到其中的茶是红茶而不是绿茶，其中的奶也不是鲜奶，而是要香浓很多的某种奶制品（新闻报道里面奸商使用的化学代用品名字是很可怕的）。

广州毗邻香港，港式奶茶也有市场。还有小店卖制作港式奶茶原料的"锡兰红茶"。"锡兰"即斯里兰卡，香港的译法。我在澳门工作过一年多，对早餐中必有的港式奶茶先是肃然起敬，后来安之若素。与超市供应的"立顿奶茶"香气扑鼻不同，港式奶茶质朴浓郁，提神效果更好，更适合缺少睡眠的白领，更能抚慰白领对即将面临的文山会海的恐惧心理。

港式奶茶在木牌上常常写成"丝袜奶茶"，表面上与制作高档哈瓦那雪茄传说中的保密工艺类似：热带美女曾将贵重烟叶在大腿上揉搓，这项工艺赋予雪茄烟叶一种似有似无的神秘吸引力。但是，"丝袜奶茶"的制作与丝袜却没有关系，只是因为过滤茶叶的滤网成分为棉纱，被茶汁浸染后疑似丝袜颜色，故名。让有些人失望了？

香港作家林奕华对此有更深体悟。他在《香港制造》一书中写道："大排档牛奶红茶喝在外国人的嘴里，浓的太浓，奶多的太多，但是感受着自己的文化经过改造，变成不同滋味，却又不失其本身的身份，谁说不也是对原创者的一种恭维？"

未免有些过度诠释了。这种揣摩外国人心态的心态，大概与他在香港、伦敦两地生活的经历有关，与前宗主国和香港的关系有关，但与一杯朴实无华的奶茶关系不大。在我看来，茶的喝法，蒙古族与藏族同胞与我们就不相同。今天汉族人已能放松警惕，坦然接受一杯茶里掺入许多成分不明的内容，味蕾们舞之蹈之足矣，非要辨认其中的地缘政治与文化强权，就过了。

普洱出山记

缺席

唐代陆羽的《茶经》在宋朝有了陈师道的序："夫茶之著书，自羽始；其用于世，亦自羽始。……山泽以成市，商贾以起家，又有功于人者也。"陈师道不愧是名诗人，谈饮食话题同样精准而周密。通常人们会认为陆羽有眼光，会品鉴，但陈师道发现陆羽其实推动了一个产业的发展，自从有了《茶经》之后，荒山野岭成了熙熙攘攘的集市，商人有了发家的资本。

唐朝诗人白居易在《琵琶行》里的名句"商人重利轻别离，前月浮梁买茶去，去来江口守空船"很重要，一来透露出茶叶能够有不错的利润，二来更说明以茶商的经济实力可以娶到明星级别的妻子。据台北故宫博物院研究员廖宝秀介绍："唐中叶之后，茶诗成为重要的诗歌题材，刘禹锡、白居易都写过不少茶诗，他们喝茶品茗，不是单为解渴，而是上升为精神领域的活动。"唐代茶碗和茶托很多，像白居易宅出土的就是邢窑的白瓷盏，这更说明茶文化的兴起不仅带动了一个行业的发展。

唐代王敷撰写的变文体写本《茶酒论》中提到"浮梁歙州，万国来求"，这是将中国茶叶销售的盛况记录下来的很早的文字。

正是因为《茶经》太重要，后世读者发现《茶经》中的记载并没有覆盖国内茶叶的全貌，会有一种惊讶。

宋朝的蔡襄发现陆羽在《茶经》里"不第（品鉴）建安之品"，实在不应该，于是特地写了本《茶录》向皇帝推荐福建的北苑贡茶。

更有甚者，宋朝的黄儒觉得蔡襄没说清楚，天下第一的建安茶现在出名的根本原因在于天下太平，"故殊绝之品始得自出于蓁莽之间，而其名遂冠天下。借使陆羽复起，阅其金饼，味其云腴，当爽然自失矣"。"爽然自失"这个成语的意思大致是"心中无主，空虚怅惘"。茶人的见异思迁与厚此薄彼是很普通的事，推广家乡茶的热忱也可以体谅，但说茶圣陆羽只要喝到了黄儒的家乡茶，就恍然若失，好像陆羽一生的茶全白喝了，未免太刻薄，太自大了。

有一件事情是真的，陆羽的确生活在不太平的时代，深受

"安史之乱"的痛苦，战乱结束后，陆羽在自铸的煮茶风炉上刻下"圣唐灭胡明年铸"几个字作纪念。

陆羽的《茶经》其实还包含着一个秘密，就是陆羽未必发明出了一种全新的茶道。中国人大多都知道先民喝茶的时候会在茶叶中加入盐巴、芝麻、花生等一起熬煮，陆羽提倡了一种比较纯粹的饮茶方法。日本学者青木正儿发现，在陆羽之前，这种纯粹的饮茶方式就已经存在。晋代杜育的《荈赋》描述晋代茶人的趣味："惟兹初成，沫沉华浮，焕如积雪，晔若春敷。"这段文字之所以被敏感的日本学人发现，当然是因为这段文字所描写的内容与日本抹茶相似。这段残留的文字也保留在陆羽的《茶经》里。比较合理的解释是，多种茶道在汉文明中同时存在，陆羽倡导的只是历史上有过的一种茶文化。这种茶文化在宋代皇帝宋徽宗那里达到了最高的水平。

陆羽的《茶经》没有记载普洱茶，这是很多茶人想弄明白的一个谜。《漫话普洱茶·金戈铁马大叶茶》的作者邹家驹先生认为："陆羽为《茶经》准备资料期间，正值天宝战争和'安史之乱'，他没有条件进入云南考察。""到南诏同大唐修好时，陆羽已经是六十多岁的老人。这次和好臣服，南诏仍然以一个事实上独立的政体存在。同小叶茶不可能进入云南一样，云南大叶茶并没有因为重新修好而进入唐地。"

孔明

南诏在中学历史教科书中所费笔墨不多，但南诏却是当时不容轻视的重要政治力量。对普洱茶来说，更是一个重要的发展阶段。

普洱茶严格地说起来是商品名，一般可以说是云南大叶种晒青毛茶。普洱茶有可能是所有茶叶的祖先，茶山地处中海拔、低纬度，北回归线横贯东西，被古生物学家认定为没有受到第四纪冰川波及的地方。从科学角度看，普洱茶是水浸出物含量最高的茶叶。云南濮人也有可能是世界上最早饮用茶的民族。

云南少数民族传说中，茶祖有多种说法，濮人后裔布朗族所崇奉的茶祖是叭岩冷，不过，最有意思的应该是诸葛亮。

清朝道光年间编撰的《普洱府志·古迹》中有记载："六茶山遗器俱在城南境，旧传武侯（诸葛亮）遍历六山，留铜锣于攸乐，置铜锅于莽枝，埋铁砖于蛮砖，遗木梆于倚邦，埋马蹬于革登，置撒袋于慢撒，因以名其山。莽枝、革登有茶王树较它山独大，相传为武侯遗种，今夷民犹祀之。"

"武侯遗种"的说法不太可信，植物学证明四川并没有大叶种茶。诸葛亮与云南茶叶的关系更有可能只是诸葛亮对云南的产业规划进行了比较合理的布局，北部种植蜀国需要的粮食，道路艰险的南部种植茶叶，安居乐业。

"孔明七擒孟获"的故事早已经深入人心，孔明当然带来了儒教、道教等先进文明。不过历史记载，孟获的哥哥孟优到了巍宝山出家，传授天师道。天师道是当时比较先进的文化，可见孟获孟优族人文化程度不低。但朴实的少数民族至今仍然尊敬孔明，这是云南历史文化引人注目的现象。

　　著名导演田壮壮和作家阿城走过一次茶马古道，拍摄了一部纪录片《德拉姆》（2004 年），导演斯科塞斯称这部电影"是一部永恒的历史教材，向世界展示了那个地区不同文化和宗教的融合统一"。《纽约时报》说该片是"一部在质量和艺术上都堪称为伟大的影片"。此片虽然没有刻意去讲茶，但少数民族感人的精神气质却展露无疑。其中也提到了当地部分民众信仰天主教的场景。邹家驹在他的书里写过："从怒江丙中洛通往藏域的古道边，坐落着一个二十来户叫秋那桶的怒族小村庄，村中最大的建筑是一座简易的天主教堂。我问村里长者祖上改信洋教的缘由，他说洋传教士说他们是孔明派来的。"

南诏

　　唐贞观十五年（641 年），文成公主进藏，茶作为陪嫁之物而入藏。文成公主爱喝茶，松赞干布当然也就爱喝。饮茶之风，一时蔚为时尚。

　　吐蕃、南诏、大唐三者的关系在茶气的氤氲氛围中开启了一段急管繁弦的外交、军事与政治纠葛。不可否认的一点是，南诏的独立，促使了云南大叶种茶的快速发展。

原先，因大叶种茶味酽苦涩，"蒙舍蛮以椒、姜、桂和烹而饮之"，这种饮用方式随着种茶民族在喜马拉雅山麓两侧的迁徙，随处传播。有学者认为，印度吃茶习惯是景颇族（境外叫克钦族）带进去的。荷兰人范·林索登 1598 年写的《旅行日记》记载，印度吃茶方式很特别，拌着大蒜和油，当作蔬菜一起食用。印度人也会把茶放入汤中煮食(周重林《茶叶战争》)。

南诏的饮茶方式是特有的罐罐烤茶。"洱海地区烤茶很讲究火色，烤茶时，用拳头大小的小陶罐，先在栗炭火上把罐子烤热，再把茶叶装进去放在火上烘烤，不时摇动，把茶叶焙成黄色，再冲进开水烧涨，倒进杯中。不能倒满，加进适量开水即可饮用，味道清香可口，这样可喝三次。如果再喝，又重新再烤。当地人喜用小罐烤茶招待客人，俗称'雷响茶'。"

2015 年 3 月 20 日，我从广州新白云机场起飞，经昆明转机抵达临沧。临沧，因濒临澜沧江而得名，是通往缅甸和东南亚的重要门户，素有滇西南"边陲宝地"和通向东南亚、南亚"黄金口岸"之称。见到临沧机场的数驾战斗机我才醒悟过来，这里也是近期果敢战事新闻里频频提到的地点。

我乘坐大巴赶往双江拉祜族佤族布朗族傣族自治县勐库镇。入夜，两位哈尼族少女表演冲泡罐罐烤茶，她们用茶则从茶罐中取茶，倒入罐中摇动。动作舒缓优美。过了一会，可能又倒入小米之类，然后倒入沸水，罐罐中发出不小的噼里啪啦的声音。煮好后倒入一个个黑色小碗端给我们。茶清香扑鼻，有蜂蜜味道，非常甜，茶的涩味感受不到，茶气温和。当然也会有人喝了之后下意识问道："这还是茶吗？"这当然是茶，有可能这种饮茶方式在汉族种茶之前就存在了。

随着南诏势力的扩展，罐罐烤茶延伸到很远的地方。少数民族往往在火塘边烤茶，如果生活方式改变，比如进入城市，罐罐烤茶可能会消失。难以想象的是，邹家驹在缅北重镇果敢见到的传奇人物彭家声也喝罐罐烤茶。邹家驹问主人其他民族喝不喝罐罐烤茶，回答是都喝，而且天天喝。一个火塘，一个土陶罐，一把大叶茶，成了缅北地区人们生活中不可缺少的生活内容。

按照英国人类学家麦克法兰的观点，茶消灭了细菌，这让中国唐宋时期的人免于疾病困扰，还增加了营养，让广大的人口得以持续创造财富。

唐代，恰好是大唐、吐蕃、南诏茶叶命运发生重大变化的时代。大叶种茶和小叶种茶齐头并进，平行拓展着自己的空间。

禁欲

北宋乾德三年（965年），后蜀被平定不久，因烧杀过度被降职的王全斌"欲乘势取云南"，以地图进献。太祖赵匡胤"鉴唐天宝之祸起于南诏，以玉斧划大渡河以西曰：'此外非吾有也'"。

大宋用茶叶同北疆易"陕马"，南渡以后，"陕马"来源断绝，不得不主要依靠来自大理的战马。在宋代的记录中，同云南不可以用茶叶易马，必须付现购买。原因很简单，云南有自己的罐罐烤茶，不习惯味道淡薄的小叶种茶。

宋徽宗将中国茶道发挥到登峰造极，他的《大观茶论》中的标准至今仍然是饮茶的标准，如雀舌、谷粒、一枪一旗、一枪二旗。他制定"斗茶"与"咬盏"的规则，亲自为臣下点茶。

可以发现，宋代中国茶道中，游戏与品饮是兼顾的。但对照"茶仙"卢仝《走笔谢孟谏议寄新茶》（又名《七碗茶歌》）中写的内容：

一碗喉吻润，二碗破孤闷。

三碗搜枯肠，唯有文字五千卷。

四碗发轻汗，平生不平事，尽向毛孔散。

五碗肌骨清，六碗通仙灵。

七碗吃不得也，唯觉两腋习习清风生。

我们会发现卢仝极为强调的品饮标准有些被忽视了。

宋代灭亡，中国茶道于是式微，正式灭绝是在明朝。有一天，住在皇宫里的朱元璋突然觉得农民制作末茶太辛苦了，于是下令贡茶不用末茶。明沈德符的《野获编补遗》卷一"供御茶"条记载，明初所贡给朝廷的茶是用宋代以来的制法做的团茶。但太祖洪武二十四年（1391年）九月，洪武帝为了节省民力下令不要再制造团茶，可以直接进贡叶茶，末茶于是渐渐灭绝。青木正儿考证，此时正是日本抹茶（中日末茶有相关性，不尽相同，写法也不一样）最隆盛之时。

在著名的《茶之书》里，冈仓天心曾对中国人对茶缺乏恭敬颇有微词："我们发现明代的一位训诂学者竟不能想起宋代古籍里茶筅的形状。"这里的"竟"字强调的是训诂学者忘得快。朱元璋明初下令灭绝末茶，200年后，1586年王圻在《续文献通考》说："元犹有末茶之说，今则闽广之地，间用末茶，若叶茶之用遍天下，几不复知有末茶矣。"

冈仓没明说，但很容易查到这位训诂学家是毛奇龄，他在《辨定祭礼通俗谱》一书中口吻的确是轻慢的："祭礼无茶，今偶一用之，若朱礼（应该是指朱熹的《家礼》）每称茶筅，吾不知茶筅何物，且此是宋人俗制，前此无有。"毛奇龄至少有一个地方是错的，茶筅绝不是"俗制"，宋徽宗本人在《大观茶论》里定下了茶筅的形制。

清流

明代文人不仅忘掉了宋徽宗的末茶，还颇有些自得。明代张源在他的《茶录》中记下了明代人的新茶道："茶道，造时精，藏时燥，泡时洁。精、燥、洁，茶道尽矣。"

备受读者青睐的张岱自成一格，有些追求，但似乎对茶道的传统不甚了然。他那篇传诵至今的《闵老子茶》神乎其神，但止于神话。朱元璋灭绝传统茶道之后，新兴的茶道元气很足，生命旺盛，也有其精妙处，但在我看来，这种精妙散发出一种枯燥、禁欲的气息。罗廪的《茶解》要求"茶须徐啜，若一吸而尽，连进数杯，全不辨味，何异佣作。卢仝七碗，亦兴到之言，未是实事。山堂夜坐，手烹香茗，至水火相战，俨听松涛，倾泻入瓯，云光缥渺，一段幽趣，故难与俗人言"。屠隆认为要紧处在于"神融心醉，觉与醍醐甘露抗衡，斯善鉴者矣。使佳茗而饮非其人，犹汲泉以灌蒿莱，罪莫大焉。有其人而未识其趣，一吸而尽，不暇辨味，俗莫大焉"。

明代饮者的焦虑症在于：茶是雅事，但极容易落俗。于是饮茶变成了一种炫耀性的行为，而且，传统的茶道丧失后，饮者丧失了了解的兴趣，所以罗廪才指责经典的"卢仝七碗""未是实事"。这种病发展到了晚期，就集中表现在《红楼梦》小说人物妙玉身上。这种禁欲茶道无视茶原有的玩乐、游戏、炫技等有生命力元素，还歪曲、肢解卢仝的见解，格局太小。

当然，某些明代茶人也有让人眼前一亮的新特色，台湾学者吴智和认为：

> 明代茶人是由文人集团中游离出来的成员，他们是强调文化落实于生活的一群志同道契的当代人士。他们的出身，大抵以乡居的布衣、诸生为主体，结合淡泊于仕途或失意于政坛的科举人士。以志趣相高，往返酬游于园亭、山水之间；以饮茶相尚，艺文消融为事，在当代是一支鲜明的清流人物。

在与明代专制制度抗争中的清流人物中，状元杨慎的遭遇堪称奇特。他在"论大礼"后被皇帝发配云南。杨慎居滇三十四年，足迹遍布昆明、大理，建水、丽江、保山等地区，创作近三千首描绘、吟诵云南的诗歌。邹家驹认为"杨慎在火塘边品饮罐罐烤茶的诗词，韵味独特，境殊情笃，是内地茶人难以体会到的"。

从杨慎的"彩线利如刀，解破团圆明月"一句可以看出，云南人此时已经做紧压圆茶了。不仅如此，杨慎这位从京城来的大文人，觉得大叶种茶要比江南的"春前""明前""雨前"味道要好。

好事近

煮茶和蔡松年韵

　　彩线利如刀，解破团圆明月。兰薪桂火筠炉，听松风翻雪。　　唤取眠云跂石人，赛十洲三绝。焚香朗诵黄庭，把肺肝清彻。

杨慎所和的是金代茶人蔡松年的《好事近》：

　　天上赐金奁，不减壑源三月。午椀春风纤手，看一时如雪。　　幽人只惯茂林前，松风听清绝。无奈十年黄卷，向枯肠搜彻。

"向枯肠搜彻"，这是蔡松年在向卢仝致敬。蔡松年父亲降金，自己也在金朝任显宦，但内心颇为挣扎。金兀术攻宋与岳飞等交战时，蔡松年为兀术"兼总军中六部事"，内心痛苦可想而知。

　　蔡松年词中"壑源"在福建省建瓯市内，产团茶极有名。一直反抗朝廷的杨慎在向蔡松年致敬中，将云南的普洱茶称为"团圆明月"，内涵极深，似乎暗示虽然团茶被朱元璋灭绝，但普洱茶其实延续了宋代茶道的精神。这一次，大叶种茶与小叶种茶合一了。

日本茶人青木正儿也认为，普洱茶与宋朝茶道有一脉相承之感。

乾隆

清朝皇帝乾隆发现陆羽没有记载他喜欢的普洱茶，当下御制一首《烹雪用前韵》，其中四句如下："独有普洱号刚坚，清标未足夸雀舌。点成一椀金茎露，品泉陆羽应惭拙。"皇帝刻薄不合适，于是轻点一下，"应惭拙"。

余秋雨在《极端之美》一书中也提到这段历史："雍正时期普洱茶已经有不少数量进贡朝廷，乾隆皇帝喝了这种让自己轻松的棕色茎叶，就到《茶经》中查找，没查明白，便嘲笑陆羽也'拙'了。"

说乾隆没查明白《茶经》，应该是冤枉了他。

陆羽在《茶经》中不提普洱茶，民间有一种解释说陆羽在撰写《茶经》的时候，茶叶发源地南诏已脱离了唐朝，陆羽对此很有看法，"圣唐灭胡明年铸"可见他的态度。

对"夷夏之防"有更强烈看法的乾隆在编辑《四库全书》期间，对书中的"夷狄""北虏""女真"等字词尽情删改。傅增湘先生说乾隆"挟雷霆万钧之力，与枯骨遗魂争胜负于朽简之内"，"居九重之尊，躬参与删订之役"，"欲使天下后世咸归于束缚衔勒之中"。

我查了一下《四库全书》中的《茶经》，"圣唐灭胡明年铸"被猥琐地删改为"圣唐年号某年铸"。

胸中燃烧着无孔不入删字的炽烈情感，怎可就此罢休？一句"品泉陆羽应惭拙"就完事了？万籁俱寂的深宫之夜，书案上亮堂堂的烛火旁，那张宽厚的大手必定招来了屏风后睡得不亦乐乎的纪晓岚："小纪，来来！"

清代畅销书《瀛奎律髓》当时产生了"海内传布，奉为典型"的巨大影响，纪晓岚于是动手写了一本"刊误"。《瀛奎律髓汇评》第十八卷为"茶类"诗，纪晓岚点评"辨卢仝诗句殊无谓"，在《送陆羽》一诗后写下"非高格"，在《故人寄茶》诗后写下"不雅"，"体格颇卑，后四句尤拙鄙"。在梅尧臣的《阁门水》后，写下"浅薄无味"。在宋朝品茶大家丁谓的《煎茶》诗后，因无音律可挑剔，于是写下"细碎敷衍，未见佳处"。宋代饮者的气度与风神，清代皇帝的"文学侍从"哪能梦想得到？扬之水为丁谓辩护："'自绕风炉立''铛新味更全'，咏煎茶甚切。"纪晓岚在其他卷里，往往有赞有弹，唯独在"茶类"诗一卷里，几乎全是负面评价，处处可见"拙鄙"。这显然是在替主子"与枯骨遗魂争胜负"，以技术手法打击汉族茶道。

汉族茶道遗漏了一度属于外族的普洱茶，乾隆就偏要发明出一种异于汉族茶道的、以普洱茶为中心的新茶道。

乾隆推行新茶道效果如何？《红楼梦》里确实写到哪天什

么人吃多了，就有人劝"该焖些普洱茶喝"，但普洱茶在清代官场与民间的普及情况并不清晰。

这一情况直到韩国学者姜育发写出了《清代普洱茶海外史稿研究》才发生重大变化。姜育发利用《燕行录》等韩国史料，发现"今燕都茶品之藉藉盛行者，普洱茶为第一"。（《五洲衍文长笺散稿》)，《日省录》等书记载乾隆八十大寿颁赐国内外诸臣的唯一茶叶是普洱茶。姜育发也认为，正是因为乾隆的提倡，"普洱茶在清代权府中的声誉与崇尚是其他茶叶无法比拟的"。洪大容在《湛轩燕记》中记载中国"茶品多种，青茶为最下常品。普洱茶都下（京都）最所珍赏，亦多假品"。普洱茶被推崇到如此程度，今人难以想象。

就品种来说，雍正、乾隆、嘉庆爱喝易武，道光喜欢上了娜罕，此茶汤色虽清浅，却有兰花香气，回甘持久，茶气强劲霸道。道咸年间的议政大臣谈公事的时候经常喝此茶，不过想想道咸年间政事废弛，朝廷衮衮诸公实在是对不起这款好茶。

民国时期鲁迅喝过普洱茶，他收藏的 20 克普洱茶在后来卖到 20 万的天价。对乾隆有看法的傅增湘先生也喜欢喝普洱茶，唐鲁孙在文章中有描写："傅老已拿出核桃大小颜色元黑的茶焦一块，据说这是他家藏的一块普洱茶，原先有海碗大小，现在仅仅剩下一多半了。这是他先世在云南做官，一位上司送的，大概茶龄已在百岁开外。……等到沏好倒在杯子里，颜色紫红，艳潋可爱，闻闻并没有香味，可是喝到嘴里不涩不苦，有一股醇正的茶香，久久不散，喝了这次好茶。才知道什么是香留舌本，这算第一次喝到的好茶。"

唐鲁孙在《北平四川茶馆的形形色色》一文中报道了民国时期普洱茶的饮用情况，极为珍贵："重庆和西南各地的茶馆，很少有准备香片、龙井、瓜片一类茶叶的，他们泡茶以沱茶为主。沱茶是把茶叶制成文旦大小一个的，拆下一块泡起来，因为压得确实，要用滚热开水，焖得透透的，才能出味。喝惯了龙井香片的人，初喝很觉得有点怪怪的，可是细细品尝，甘而厚重，别有馨逸。有若干人喝沱茶上瘾，到现在还念念不忘呢！普洱茶是云南特产，爱喝普洱茶的人也不少，不过茶资比沱茶要稍微高一点。"

唐老说的沱茶是下关沱茶，其实也是普洱茶的一种。

1949 年之后，故宫里还曾经分发过许多存放的茶叶当福利，许多人已经不懂得普洱茶可以存放，直接就倒掉了。

茶叶侦探：吴疆 vs 石昆牧

2005 年，邓时海与耿建兴撰写的《普洱茶（续）》序言中提到了与《普洱茶》有相似之处的两本书：

> 目前市面上出现两本书，一本是木霁弘主编的《普洱茶》（北京出版社，2004.7 出版），另外一本是叶羽晴川的《普洱茶探源》（中国轻工业出版社，2004.6 出版），两本书引用邓时海教授《普洱茶》一书的文图，只是图版照片品质很差，也没有经过作者同意。

木霁弘是云南大学学者、"茶马古道"的命名者，参与过田壮壮拍摄的茶马古道电影《德拉姆》。

台湾茶人谈云南茶，为何对云南茶人有一点耳提面命的意思？

1949 年后，大陆极少有汉族民众饮用普洱茶。普洱茶属于侨销茶与边销茶，作为换取外汇与维护民族团结的产品，只与技术参数与工艺流程有关。但饮用普洱茶有百年历史的香港人积累了丰厚的品饮习惯，前云南茶叶进出口公司总经理邹家驹曾发表过一篇文章，回忆他与香港茶商打交道的一次发现：

　　20 世纪 80 年代初期在广交会上，我将样品分发给客商。香港地区茶商一般不会当即下定单，总是先将茶样带回旅店品评，过一两天再来答复。我一直纳闷，各茶号分厂分地，原料等级历年不变，每年卖的又都是新茶，还有什么品头。问及香港老茶人陆伟镇、梁杨、郭宏廉等，他们说茶号级别是一个，但批次间茶底不一样。普洱茶原料，苦涩为首选，味清爽了反倒不好。茶底好，越存放越甘醇；茶底不好，越放越苦。

　　这段文字信息量极大：第一，邹家驹的回忆打碎了那种认为香港人将普洱茶视为低质茶叶的传说（价格低廉不等于低质，香港人的精密品鉴技术不会诞生于低质产品）。第二，生产商与销售商之间的信息奇怪地不对称：香港茶商没见过普洱茶树、没去过云南工厂，但能通过品饮触及生产线的细节。第三，厂方只控制指标数据，不了解配方已经被更改。这个秘密邹家驹要下到车间，通过与工人深入沟通，才知道车间里将卖不掉的红副茶与绿副茶掺入了普洱茶。

2003 年之后，大陆重新成为了普洱茶的重要销售区。邓时海 1995 年在台湾出版的《普洱茶》2004 年在大陆出版，这本书披露的普洱茶历史与文化信息震惊茶界，邓时海甚至被目为普洱茶教父。随后，海外作者如许玉莲、石昆牧、李曙韵等人的书籍持续热销，成为大陆茶文化与空间美学更新的重要流派。也许，没有引起重视的另一面，周重林、李开周等大陆作者的茶文化书籍在台湾的销售成绩也不错。

即使是非业界的读者也听说过，台湾茶人与大陆茶人的竞争早已经白热化了。长久以来形成的台湾茶人的话语权与今天茶商的经营、推广方式之间常常是圆凿方枘，格格不入。文化之争无疑会成为利益之争，尤其是有些写畅销书的茶人成了著名茶叶品牌的持有人，竞争更在所难免。

吴疆与石昆牧线上 PK 持续了好几年。2016 年茶界十大事件之一就有两人愈演愈烈的"大战"。

所以，我在 2017 年年初读完吴疆的《珍藏版普洱茶营销：七子饼鉴赏实录》后，一直等着石昆牧的线上评论。如今双方线上攻伐稍歇，我觉得可以写一些看法了。

书的写作与网上论战不同之处在于，写书不能假装生气而回避谈论主要问题。茶涉及的专业极多，没有哪一个专家可以穷尽。这本《珍藏版普洱茶营销：七子饼鉴赏实录》从唐朝谈到今天，从生产谈到存储，论述全面。尤其可贵的是，与那些常见的茶文化书籍罗列无关紧要的茶叶知识 ABC 不同，吴疆的写作聚焦热点问题，尤其是针对性地对邓时海的《普洱茶》与《普洱茶（续）》展开批评。这几本书的竞争是全方位的：书价都较昂贵、开本都是十六开、图片珍稀、文字严密、图表与文献交相辉映……这种鉴定工作有些类似侦探，读来仿佛见到福尔摩斯与苏格兰场警长之间的业务探讨，虽说常常陷入高深而繁难的境地，但输赢却很明显，在普通读者面前都能展露无疑。

不需要再多提邓时海先生的功绩，他的书奠定了普洱茶文化的基础。但一段时间来，有些人不同程度地提过，他书中有部分"臆造茶"其实来自他的藏品。如此敏感的问题，吴疆的书也谈到了。

"臆造茶"现象很普遍。在今天大陆的茶会中，有一款叫"水蓝印"的茶出现频率较高，开这片茶，主人不免面露骄矜之色。《普洱茶(续)》第 36 页，作者在讲述《水蓝印七子饼茶》的第一句就是"水蓝印七子饼茶的身世，还是一个具有争论性的话题"。传奇说法是"三十年以上的""凤山茶将会从番王蜕变成不亚于易武正山的云南勇士"。邓时海 2004 年带着水蓝印拜访了 80 年代的勐海茶厂"邹厂长和卢副厂长"（应该是邹炳良与卢国龄先生），两位前辈得出结论，没有生产过这片茶。

吴疆谈的是更为广泛的"铁饼"，在《铁饼公案》一文里说，邓时海《普洱茶》一书中认为，"铁饼"属于20世纪50年代到60年代的产品。后来，原云南"省茶司"总经理邹家驹通过走访原厂厂长、普通职工，写出《铁饼神话》一文，认为《普洱茶》书中的茶品属于80年代产品。

《普洱茶》一书的155页里有一张图片，显示邓时海与下关茶厂厂长冯炎培共持一饼茶，图片说明是"作者参观下关茶厂，赠送圆茶铁饼一饼，由厂长冯炎培接受存厂作纪念"。邹家驹后来走访过冯炎培厂长与罗乃炘副厂长，罗乃炘回忆："真实的情况是茶品是邓先生从下关茶厂展柜中拿出，拍完照片后又放回展柜，并非邓先生赠送，邓先生也没有这片茶。"

普通读者在历史细节如此鲜明的冲突中应该无所适从，但剑拔弩张的气氛应该可以通过脊梁骨感受得到。

关于"敬昌号"历史，吴疆进入了短兵相接的文献解读比拼。邓时海认为，"敬昌号"是江城（云南普洱市下辖县）茶庄，在所有先期私人茶庄的茶品中，要推同庆和敬昌圆茶的工序、制造技术最精良。"敬昌圆茶是采用'普洱正山'，也就是曼洒茶山上最上好茶菁。大叶种茶树，条索肥硕，叶子宽大，茶菁看来好像泡过茶油似的……"

吴疆引用了原敬昌号东家马祯祥所著《泰缅经商回忆》：

"在江城所加工的茶牌子较多，但质量较低，俗语叫'洗马脊背茶'，不像易武茶质细味香。"

是否可以大胆地说一句：吴疆引用的这段历史资料应该更为可信？

吴疆的书出版之后，台湾茶人石昆牧频频挑错，石昆牧2005年被评为首届"全球普洱茶十大杰出人物"，著有《经典普洱》等书，他的意见值得重视。

石昆牧与吴疆在"陈香""花香"等工艺上的争论按下不表，有些意气之争更不必在意，比如石昆牧说："这句话似乎有问题，'2005年之前，国人不识普洱'，港澳台不是国人？港澳台了解、喝普洱数十上百年，港澳台百姓不是国人？"

《普洱茶》所记载的"可以兴"茶砖重量为375克。吴疆据《勐海县志》记载"可以兴"茶砖为"十两茶"，按照民国通用的一六秤，重量换算为347.5克。普洱茶随着时间流逝，水分走尽，茶叶变轻不会变重。所以吴疆认为《普洱茶》记载的"可以兴"茶砖的真实性存疑。

石昆牧对"可以兴"茶砖的重量有看法："'可以兴'砖重量375克，是民国旧制斤两10两，台湾目前仍然使用；半斤八两，指的就是一斤600克16两，与作者所写的重量制度完全无关。"

吴疆鉴别20世纪40年代的江城茶砖的时候，将内票中的五颗五角星认定为新中国国旗元素，从而断定此茶砖年代有疑。不过，内票为黄色，五角星上方一颗，左右各二颗，与中国国旗形制有较大差别。石昆牧说："内票上有五颗星星，就是建国后？台湾小孩画画，都喜欢画星星、月亮、太阳，那台湾小孩是大陆的？"

争论双方难免在情绪上有一些波动，读者完全没必要入戏站队，事实得到澄清才是最好结果。

以上所举例子，专业性较强，普通读者会觉得识别假茶非专业人员不能办，其实事实远远不是这样。吴疆说，常识更重要。

市面上常见所谓早年"枣香砖""樟香砖"之类，也是臆造品：首先，因为计划经济时代的工厂不会用这些非技术性词语；第二，那个时期工厂里的技术人员才没有热情去预测茶砖将来会散发何种香气。最可笑的抽智商税产品无疑是"文革砖"系列。真正的文革砖最多在厂名中体现出来，如"勐海茶厂革命委员会"，绝对不会出现"八十年代文革砖"这样的历史文盲产品，也不会出现"后期文革茶砖"这种貌似精确实则令人喷饭的说法，这种预见性犹如琼瑶剧里的台词："长达八年的抗日战争，已经开始了！"

茶贸

卖茶买钟的乾隆

魅惑之钟

乾隆时期，十三行卖给全世界的货物中百分之八九十都是茶叶，进口的货物则不多。

不过，在乾隆皇帝眼里，中外贸易简单至极：出去的是茶，进来的是钟表。

乾隆最近几年声望有些下降。比如说，阿城在与徐小虎的对谈中提到了乾隆的题跋："乾隆皇帝，已经像是一个收发员一样，来一个信件他就盖一个章，来一个信件他就盖一个章，很讨厌，他把整个的画都给破坏了。"

是的，随着时间的流逝，乾隆的武功与审美一一遭到质疑，但是，他至今仍保有钟表鉴定大师的名号——尽管知道的人不太多。

中国人很早就爱好精密机械装置。据《停滞的帝国》一书记载，从13世纪起，忽必烈（另一说是蒙哥）就曾殷勤款待过一个被他的骑兵在匈牙利俘获的法国金银匠纪尧姆·布歇。后者之所以受到厚待，是因为他给皇帝制作了一个巨大的自动装置：一棵长满银叶、结满银果的大树，树下有能喷射马奶的4只银狮，树上有一个吹喇叭的安琪儿。

利玛窦送给万历皇帝两座钟：一座很大，楼式，镀金铁制带有悬锤的大自鸣钟；一座手掌大小、发条驱动的青铜镀金制小自鸣钟。这两座钟引起了万历皇帝的浓厚兴趣，"皇帝一直把这个小钟放在自己面前，他喜欢看它，并听它鸣时"。

清朝皇帝延续了明朝皇帝的江山与喜好。康熙为自鸣钟频频写诗，其中一首叫《咏自鸣钟》："法自西洋始，巧心授受知。轮行随刻转，表指按分移。绛帻休催晓，金钟预报时。清晨勤政务，数问奏章迟。"

康熙的侍卫纳兰性德文化修养很高，一直在康熙身边唱和，这次也不例外，他作的《自鸣钟赋》写得诘屈聱牙、像模像样。其中一句"彤陛鸡人，无烦戴绛"亦步亦趋，称得上与康熙"唱和如一，宫商协调"。

雍正同样爱钟，也写诗赞颂："八万里殊域，恩威悉咸通。珍奇争贡献，钟表极精工。应律符天健，闻声得日中。莲花空制漏，奚必老僧功。"他曾赐给年羹尧一只自鸣钟，年羹尧进折谢恩："臣喜极感极而不能措一辞。"在年羹尧的奏折上，雍正的朱批如烈火烹油："总之，我二人作个千古君臣知遇榜样，令天下后世钦慕流涎就是矣。"

乾隆与钟

在清朝，其他物品不太可能像钟表那样，让君臣之间的感情水乳交融到这个程度。乾隆不仅喜欢钟，还成了钟表鉴定大师，乾隆时期局面丕变，不变的是他也中意与宠臣和珅秘密分享这种爱好。

1793年，英使马戛尔尼的船队刚到天津，六名传教士就提前被召去热河。这几名被称为"最有能力的西方传教士"，是一些钟表专家和精通天文地理的人，他们在热河见到的是热情的官员和珅。（英国人很快得知了一个信息：20年前，乾隆在一次检阅皇家卫队时被和珅的魅力所吸引，此后和珅深受皇帝宠爱，不断得到提拔。和珅在责任心很强的乾隆皇帝生活内占有充满浪漫色彩的位置。）经由和珅，乾隆第一时间就掌握了这几个钟表专家的成色。外国人分析，之所以有天文学家，是因为乾隆对天体运行仪和钟表不加区别，认为谁会拆卸座钟谁就必然会装配天体运行仪。

和珅的钟表收藏是他与乾隆关系的最好证明。

中国第一历史档案馆中的《御览抄产单》和民间流传的《查

抄和珅家产清单》有些差异。前者记载有：大自鸣钟十架。小自鸣钟三百余架。洋表二百八十余个。后者记载是：大自鸣钟十座。小自鸣钟一百五十六座。桌钟三百座。时辰表八十个。

乾隆最喜欢的，是那种机械人偶钟。《红楼梦》中提到过的冯紫英卖给贾政的那个钟，就是机械人偶钟。

钟表专家白映泽认为："清朝的皇帝很喜欢机械人偶的装置，不大可能会把这种钟赏赐给大臣，所以书中出现的，很可能是有钱人家通过别的途径得来的。"

皇帝为何舍不得送出机械人偶钟？因为这种机械人偶钟极其珍贵，工艺已达到神乎其技的水平。在欧洲，拥有巨大名声的雅克·得罗在1773年左右创造了震惊世人的写字机械人，并在全世界寻找买家。

遥远的东方，乾隆这段时间悟出了一个神秘的道理："方今帑藏充盈，户部核计已至七千三百余万。每念天地生财，只有此数，自当宏敷渥泽，俾之流通，而国用原有常经，无庸更言樽节。"为天道民生计，乾隆必须花钱了。

1780年英国人威廉姆森向乾隆进贡能写字的机械人偶钟，机械人能手持毛笔书写"八方向化，九土来王"八个汉字。机械系统极为复杂，其中动力传动系统多达六套。乾隆五十年，法国工匠汪达洪进行改造，机械人能写满蒙字体。这个信息，《中西交通史》作者方豪在汉学杂志《通报》（英文）1913年

239 页见过，应该可信。而据中文史料，乾隆下的命令是"要写四样字"，负责技术攻关的工程师名字是"德天赐"与"巴茂止"。

《钟表营销与维修技术》一书将写字人钟记载得更为详细：

> 写字人钟全机械控制，每逢3、6、9、12点报时、奏乐，上层的人展示"万寿无疆"的横幅，下层的欧洲绅士，一腿跪地、一腿半蹲，可写"八方向化，九土来王"八个中文汉字。横竖撇捺都有笔锋，同时人头左右摇摆。

在视频网站搜索"写字人钟"，能找到视频，那个欧洲绅士的确能用笔写"八方向化，九土来王"，真有笔锋。

乾隆后来又得到了能写"万寿无疆"四个汉字的机械人钟。后来下令修改："含经堂殿内现陈设西洋人写汉字'万寿无疆'陈设内，着汪达洪想法改写清话'万寿无疆'四字，钦此。"

汪达洪、德天赐与巴茂止都是做钟处的外籍工匠。做钟处的前身是自鸣钟处，自鸣钟处位于紫禁城乾清宫东庑之端凝殿南。据《国朝宫史续编》："端凝殿南三楹，为旧设自鸣钟处。圣祖仁皇帝御笔匾曰'敬天'……其地向贮藏香及西洋钟表，沿称为自鸣钟。"这个地点原先是康熙用来存放钟表的，修理钟表也在那里进行。

雍正时期，做钟处与枪炮处等部门划归内务府造办处。做钟处的鼎盛时期无疑是乾隆朝，中外工匠达到一百多名。乾隆元年就"做过自鸣钟百拾件"。乾隆二年"所造自鸣钟甚多"，以至于感觉"作房窄小"。乾隆二十七年，造办处从广州购得进口的广钢二千零九十四斤，打造大小发条134根，供制作以发条为动力、并有擒纵器的自鸣钟之用。可见做钟处的规模之大。

据方豪先生的《中西交通史》，外国工匠西澄元需经常进宫，"天天见万岁，万岁很喜欢他，很夸他巧，常望他说话"。后来，乾隆身边跟着的是汪达洪。乾隆可能时刻都有转瞬即逝的灵感要与外国工匠交换。当然乾隆也可以一边处理政事，随时写下灵感交给工匠，但显然后者不太畅快。

如果以为乾隆只是让外籍工匠改变字体，那未免太轻视乾隆的想象力了。1752年，乾隆曾要求对一台乌木架葫芦形时乐钟加以改造："着西洋人将此钟顶上想法安镀金莲花朵，逢打钟时要开花，再做些小式花草配上。"制作过程中，乾隆又传来关于材料的灵感："莲花着做红铜打色，其小式花草做象牙茜色，瓶做珐琅，配紫檀木座。"

据关雪玲《乾隆时期的钟表改造》一文，除了添加饰品这种外观改造，乾隆还对钟穰（机芯）进行过调整。乾隆二年交给做钟处一个洋漆亭子，传旨：配钟穰做成带音乐的时钟。在制作过程中，乾隆又产生了新的想法：亭上四面柱子、花牙配做洋漆的，其座子、栏杆、腿、托板俱做铜镀金的，脊上添做铜镀金吻兽。

为了与伦敦的审美同步，乾隆通过粤海关监督让十三行进口钟表，要求是这些钟表的质量不能低。

乾隆十六年，乾隆将四件他认为是三等的小洋钟表转交造办处查问，得知是粤海关监督唐英所进。乾隆宽宏大量地建议处理方式如下：进贡的就算了，如果是进口的那就是失职，最后让唐英赔补银两七十五两一钱六分。

但这种宽宏大量没有得到应有的回报。1783 年，乾隆四十八年，档案记录过一次乾隆的盛怒："李质颖办进年贡内洋水法自行人物四面乐钟一对，样款形式俱不好。兼之齿轮又兼四等，着传与粤海关监督，嗣后办进洋钟或大或小俱要好样款，似此等粗糙洋钟不必呈进。"

乾隆也有满意的时候，"此次所进金洋景表亭一座，甚好，嗣后似此样好的多觅几件。再有大而好者亦觅几件，不必惜价"。乾隆帝还曾让人告诉唐英："嗣后务必着采买些西洋上好大钟、大表，买些恭进，不可存心少费钱粮。"

2011 年马丁·斯科塞斯的电影《雨果》里，机器人画画的镜头惊呆了观众，他们可能需要补上乾隆这一课，才会明白好莱坞终究只是步人后尘的娱乐产业而已。

有乾隆这些出其不意的创意，那些特地为中国市场而生产的工艺平常、华而不实的钟表，虽然一度曾非常抢手，后来就无人问津了。

广钟？洋钟？

马戛尔尼使团也带了钟，但熟悉北京高层的法国传教士钱德明告诉这些英国人，乾隆早被惯坏了，"皇帝已有了一只豪华表，奇特的转动喷泉钟，一只能走步的机械狮子，人形自动木偶等。神父们就怕一句话，就是皇帝对他们说：'好，既然你们能制造一个会走路的人，那么现在你们让他说话吧！'"

很明显，因为信息收集工作不够细致，马戛尔尼带来的钟与工匠都没能让乾隆看上（退一步讲，马戛尔尼的礼品也不可能让乾隆感到"惊艳"），双方的交流一直在磕磕绊绊的尴尬气氛中进行。马戛尔尼关于乾隆与钟表的信息虽是第一手的，但因为他的使命受挫，他的说法很有可能是有毒的、怀恨在心的，从而大大降低了可信度：

"在大殿的一角，一座来自伦敦的座钟每小时奏出一段《乞丐歌剧》中的不同曲子。在天子宝座前，座钟不知疲倦地反复奏出的这些下流乐曲，这具有某种超现实主义的色彩。无疑，不论是乾隆还是定期来修钟的耶稣会钟表匠对此都毫不理解。只有英国人才能体会到这种情景的滑稽可笑。""英国商人带往广州许多有些猥亵的细密画的钟表。""和珅迷住了比他大35岁的皇帝。他漂亮、健壮，热爱生活。他聪明机灵，谈吐动人。对和珅的最好形容就是他既是宠臣，又当宠妃。"

当然，其中也有客观看法："乾隆从爱好自动装置变成了自动装置大师。""在乾隆统治期间，大批座钟、表和自鸣钟从广州进入中国。"

广州十三行行商在纳税之外，还要承受大量的敲诈勒索，其中最沉重的就是给乾隆买各种珍稀物品（最贵的就是钟表）。开始乾隆还有拨款，后来拨款逐年降低，加上官员"需一索十"，十三行只好走上自主研发制造钟表之路。方豪说："造钟业以广州最早。唯发条皆来自外洋尔。"

当然，十三行行商在历史中一直是沉默的。除了贩卖茶叶、与英商谈判、修建庭院以及迎娶姨太太，他们尽量不在历史中发出声响，除非是以当地诗人的身份编撰书籍。所以，十三行的茶叶商人在钟表业里的纵横捭阖是看不见的。

乾隆十四年（1749 年），十三行商人用"广钟"进贡的秘密被乾隆识破。乾隆明示两广总督硕色，他本人对此事忍了很久不想再忍："从前进过钟表、洋漆器皿，并非洋做！如进钟表、金银丝缎、毡毯等件，务是在洋做者方可！"（《潘同文（孚）行》）

"在洋做者"一语道破玄机：十三行商人用外国工匠在广

州造的钟表在乾隆看来不算洋钟。北京做钟处有外国工匠，乾隆自有创意。广州不过是个通商口岸，做好进口就行了。

今天，广州钟表史专家魏广文认为，乾嘉年间粤海关每年都要向宫中进献2—4件"广钟"，这些在广州生产的自鸣钟使用了西洋机芯。这些钟是否属于广钟？学术界还有不同意见。

过了几年，乾隆什么都知道了，包括十三行商人没钱的事情。

乾隆悉心交代广州官员与粤海关监督，其他西洋商品都不要了，"唯办钟表及西洋金珠奇异陈设，并金线缎、银线缎或新样器物皆可。不必惜费，亦不令养心殿照例核减，可放心办理。于端午前进到，勿误！钦此！"一副施施然永远正确的模样，好像几十年层层盘剥、"需一索十"的破事完全不存在。

但"广钟"生产一旦开始，很可能就停不下来了。广州人的制造能力既然不能依靠皇家生存，他们一定是寻找另外的买家而且找到了。《啸亭续录》记载："近日泰西氏所造自鸣钟表，制造奇邪，来自粤东，士大夫争购，家置一座，以为玩具。"

《清代贡物制度研究》认为，在乾隆年间，尤其是乾隆中后期，广州自鸣钟制造达到了高峰。广钟的珐琅是举世闻名的，广钟装饰风格往往洋味重，又融入了中国传统工艺特点和艺术风格，具有中国南方独特风格并兼有摆设和娱乐功能。

《我在故宫修文物》中的主要人物、故宫钟表修复专家王津写过一篇论文《广州制造"LONDON"（伦敦）钟表的考证》。其中提到广钟分两种：民间质量一般，民间产品打上"LONDON"自然更好卖；贡品质量上乘，并非乾隆一眼就能看出的。

王津以铜镀金黄珐琅四面钟举例，此钟是广州制造还是英国制造曾出现过反复，有不同的看法。往往在钟盘上或是后夹板上出现英文字样，有些字母组合很难译出什么意思，行里人称之为"花字"，也就是说他们是按照自己想象中的英文单词錾刻出来的。我猜测，有可能十三行商人没有掌握到京城的信息，忽视了乾隆身边时时有洋人，"花字"可能是露馅原因之一。

嘉庆四年（1799 年），乾隆去世，嘉庆关于钟表说过一段话："朕从来不贵珍奇，不爱玩好，乃天性所禀，非矫情虚饰。至于钟表，不过考察时辰之用，小民无此物者甚多，又何曾废其晓起晚息之恒业乎？尚有自鸣鸟等物，更如粪土矣。"

嘉庆登基后，太上皇乾隆与和珅的所作所为让嘉庆很不满，但对先皇钟爱的东西直言"粪土"，是否过分？我想起传说中日本僧人一休宗纯的遗言："萧散淡泊六十年，临终曝粪献梵天。"对于佛教徒来说，人生得到（或借用）五大赠礼"地水火风空"，他一一归还，他的回赠则是（未免直率得惊人的）"末期的粪"。嘉庆呢，他在登基的四年里看够了和珅跋扈的象征之物——钟表了吧，所以，这个终于到手的江山还是没能让他忍住对钟表的厌恶。

从此，广州自鸣钟贸易与生产转向衰败，宫廷钟表采办也日益减少。广州十三行大多数行商在敲诈勒索中倒闭，仅有的潘家、伍家等也早就无心经营，鸦片战争后五口通商，十三行歇业，进贡的广钟生产在历史中销声匿迹。

18 世纪全球首富——潘启官

一

明代"隆庆开关"后，经济腾飞，倭寇消弭。万历二十七年（1599 年），广州市舶司恢复，万商云集黄埔港。

清初海关时开时禁，康熙二十二年（1683 年）台湾告平，次年清廷开海禁，许多语言回到了广州。

那一年，福建同安县文圃山下十四岁的潘启（1714—1788年）出海谋生。据族谱记载，他曾"往吕宋国贸易，往返三次，夷语深通"。从船工做到海商，他不仅学会了西班牙语，可能还会广东英语与广东葡萄牙语。最后一门语言也被称为澳门葡萄牙语，博尔赫斯的短篇小说《永生》中曾提及：这是 18 世纪、19 世纪横行亚洲的各国商人常说的方言。

潘启常被称为潘振承，朝廷以"号"称他为"潘文岩"，外国人则称呼他与他的继承者为"启官",从此还将所有的十三行行商称为"官"。历史学家徐中约认为这个"官"字来源于他们通过向朝廷捐献大笔银两获得的空头官衔。笔者觉得这里的"官"可能并非官职,而是粤语中用来称呼大户人家的公子少爷,如郑少秋被称为"秋官"。

几任启官将茶、生丝、瓷器销往全球,因经营得当,被称为18世纪的全球首富。潘启可能去过瑞典,他与洋人的联系非常紧密,"夷人到粤必见潘启官"。

不过这个首富与乔布斯、比尔·盖茨等人不一样。在《番禺河阳潘氏能敬堂世系》一书里,他经商的事情竟被付之阙如,而他捐纳的"候选兵马司正指挥"这个不太大的六品官衔则工工整整书写在内。

他的预感很准,后人对他经商的评价很低,尽管没有根据,有人认为他的财富与鸦片有关。财经作家吴晓波认为十三行行商与晋商、徽商一样,"……其财富来源大多与授权经营垄断产业有关,官商经济模式从而根深蒂固,不可逆转。商人阶层对技术进步缺乏最起码的热情和投入,成为一个彻底依附于政权的食利阶层,他们的庸俗、归附,与大一统中央集权制度的强悍与顽固,构成一个鲜明、对应的历史现象。"

吴晓波所说的"强悍与顽固"究竟有多厉害?普通人只能想到乾隆要马戛尔尼下跪,马戛尔尼不从,双方不欢而散。法国人拉佩鲁斯在日记中写得很透彻，"人们在欧洲喝的每一杯茶，无不渗透着在广东购茶的商人蒙受的羞辱"。

从技术进步上讲，十三行商人的确没有学会西方先进的复式记账法，但建筑师莫伯治告诉我们，潘启官至少穿透了"强悍与顽固的体制"的一丝缝隙，胜利地将财产转移了出去：

> 乾隆三十七年（1772年）潘启为支付几个伦敦商人一笔巨款，要公司将是年生丝合约的货款用伦敦汇票支付，此次交易，是比较露面的交易。在这期间清政府只知鸦片专利，对一般商人的经营款项，还未加管制，潘启趁此空隙，将其国内大批货款，汇去伦敦。此事仅做过一次，而且甚为秘密，除去其合法继承人潘有度外，另无人知晓。

十三行商人留在世界上可见的东西，除街道名之外已不容易见到。1814年潘长耀在美国最高法院控告纽约商人的欠账，还曾给总统麦迪逊写信，请他加大监管力度，信用中文、英文、葡萄牙语写就，至今留在华盛顿美国国家档案馆。

潘仕成精心营造的"海山仙馆"，据说风光旖旎、烟雨缥缈，去世后被官方拍卖。两百年几番沉浮风雨，今天变成了广州街坊常去散步的荔湾湖公园。

二

族谱记载，潘启的亲戚也有人去往吕宋岛，有人"积资旋里，捐银千两，以助族祠蒸尝"，也有人"贩货南洋，归帆遇风，全船不幸"。潘启恰好属于前者。

这段经历被潘启的儿子潘有为记载在家世诗里：

有父弱冠称藐孤，家无宿舂升斗贮。

风餐露寝为饥躯，海腥扑面蜃气粗。

在广州，潘启在陈姓洋行中经理事务。陈商看中了潘启的诚实守信，委任全权。数年后，陈氏获利荣归乡里。潘启请旨开张同文洋行。"同"者，取本县同安之义，"文"者，取本山文圃之意。

有关广州十三行的文字记载中，行商大多为福建茶农这一点往往被忽略。不仅如此，在以往的展览与电视专题中，因为展览的实物需求与画面客观性的条件限制，往往仅有茶箱与茶罐可展览。相关茶叶历史信息也珍稀难寻。2013年的纪录片《粤商纪事》展现十三行出口的茶叶居然是"宋聘号"云南普洱茶茶饼，其实"宋聘号"创立时间已是光绪年间，十三行大多已歇业。

笔者在香港历史博物馆观看耗资上亿的"香港故事"展览，十三行行商茶叶经营项目历历可见，茶叶实物并不准确，但也算难能可贵了。

尽管资料非常稀缺，但可以肯定，潘启的成功很可能来源于他平等对待地位低下的洋人。

茶叶贸易中，外国商人受到的屈辱难以言表。荷兰商人曾向顺治下跪，并保证绝不传教。

乾隆时期的粤海关监督是内务府太监，很多收入越过户部，不清不白地进入乾隆私人口袋。

据欧立德《乾隆帝》，乾隆时期，外国商船只能每年10月到次年1月进广州交易，其他时间只能待在澳门（澳门南湾至今还有外国商人的别墅）；妇女不能进城（跟十三行有关的电视剧里，外国美女在广州城发生的爱情故事真的纯属虚构）；严禁购买中文书籍，所有生意通过十三行代理，不得接触茶农；最后但并非最不重要的是，永无止境的敲诈勒索……

英国东印度公司的翻译洪仁辉把状纸递到乾隆皇帝案头，控告粤海关官员贪污、索贿、刁难洋商，希望中国改变外贸制度。乾隆皇帝大怒，将替洪仁辉写状纸的中国人斩首，将洪仁辉投入澳门监狱，众多罪名之一是"擅自学习汉语"。

在商业上，外国茶商面对中国茶叶的复杂等级，无所措手足。据台湾"中研院"研究员陈慈玉《生津解渴》记载，清代广东行商在装箱时投机取巧，将品质好的茶种放在箱之最上层与顶部，中间部分则放品质低的茶叶，而以好茶的价格出售，有时甚至会发生以"废物"（比如其他树叶）代替茶的情形。这种"混合茶"在伦敦时常遭受批评。英商的应付办法是：吩咐当地管货人尽量买低劣茶种中之最高品级的，使中国商人没有必要去与优秀之茶种混合。

英国人默默进行了大量研究，他们有了发现，比如，中国出产好茶的地带，基本上都在北纬27度和31度之间，如果是高山，还有云雾就更好了。

在《俄罗斯的中国茶时代》一书里，俄国茶商评价中英茶商之间的技术战可能很客观："如果从狡猾的中国人那里买到非正品茶叶，可能导致上万卢布的损失。茶叶鉴定系统是由英国人发明并完善的。鉴定在一间墙壁涂上黑色的、有特殊的采光系统的房间进行。需要对很多数据进行评测：茶叶的色泽、形状、叶子捻度、香味等。在鉴定茶叶品质时甚至还需要考虑到从茶叶表面发出的光斑。"

每年，大约有一百条各国船只冒着减员百分之二十的风险来到中国，就是为了茶。茶对英国人的吸引力要超过对原产地的中国人。女王对茶的评价是"香味隽永，作用柔和"。从贵族到无产阶级，英国人离不开茶。

因此，在完全的垄断贸易中，中国商人因为诚信、茶叶质量在东印度公司受到称赞是很少见的，这个人就是潘启。

在诚信普遍缺乏的时代，潘启的成功被认为包含有许多商业机密与独特秘密，其实是一个天大的误解。

三

潘启在同文行创立之初，家属还从事女红帮补家用。他的儿子则"身披败絮雨则烘"。他的成功与他开阔的胸襟与拓展业务的能力有关。他开了退赔茶叶的先例，还愿意赊购部分商品，东印度公司职员称他为"行商中最有信用之唯一人物"，因此外商愿意给预付款。他的流动资金扩大了他的贸易量。

他的成功还与广州的环境有关。

1830年，英国下议院得出结论："几乎所有出席的证人都承认，在广州做生意比在世界上任何其他地方都更加方便和容易。"

美国商人亨特在《广州番鬼录》中也说，行商账房管理井井有条。

当然，潘启个人的成功离不开1757年清朝实行的"一口通商"制度，以及广州十三行洋商享有的对外贸易特权。

在此之前，公行也已经成立，潘启因为同文行的贸易额与信用成为公行的商总。他联合其他行商垄断了茶叶的定价权。当然这一度引起洋人的强烈不满。

可以说，潘启恰好在这个时间点之前，积聚了最好的资源与能量。

但仅仅十多年后，潘启已心灰意冷，不愿意担任商总。

乾隆末年，吏治败坏，民间暴乱此起彼伏。十三行商人要承担大量捐输，商总还要承担组织工作，往往要担负最大份额。其次，备贡（买东西送给皇帝）负担不小。第三，破产行商的债务要其他行商负担，乾隆为了显示大国气魄，曾经要行商加倍赔偿外商债务。奇怪的是，外商欠账乾隆不过问。最后，粤海关监督每年从洋商处搜刮二三十万两银子。

另外还有更多历史细节透露出行商意外的支出。比如和珅被查抄时，清单中有大量钟表。这些钟表无疑来自十三行洋商。

作为商总，潘启发明了"行用"这一互助保险基金，应付官府敲诈与不时之需。但这种民间脆弱的机制很难抗衡官方的蛮横。

1770年，行商欠债过多，公行难以运转。潘启花了10万两疏通关系请求撤掉了公行。早对公行垄断不满的东印度公司报销了这笔费用。

1781年，粤海关监督限售生丝，规定每船只能售出100担生丝。1782年潘启交出4000两白银后，粤海关监督松口。

1783年，粤海关决定每担生丝抽五两银子。潘启只好在售给东印度公司的时候加价。东印度公司则要求潘启加大承销毛织品的份额。用来做西服的毛织品很不好销售，但潘启承担了最大份额的毛织品销售，同时得到了英商的预付款。可见商战与内耗已经混而不分了。

1782年，一个英国随船的12岁儿童手枪走火，误杀中国人。潘启负责调停。

另一次，英国水手用手杖误伤中国苦力，中国官员逮捕水手，水手备受刑讯之苦。潘启用银两疏通苦力父亲，从而解决纠纷，没有耽误中英之间的商务活动。1784年，有洋人传教士去北方传教，洋人哆啰叩头谢罪。政府对中国保商进行了刑讯拷打。

可能因过多的耻辱教育，一般人不太了解鸦片战争之前，清政府对付洋人、中国商人、老百姓，一律是大刑伺候。

1780年（乾隆四十五年），颜时瑛、张天球破产，家产被抄没，发配伊犁。潘启组织行商赔偿。

可能在1772年后，"潘启的大部分商业资金成功套汇去伦敦，由伦敦几个合作伙伴商人在伦敦运用"。这个信息是建筑师莫伯治在《莫伯治文集》中透露的。莫伯治研究过行商庭院，潘仕成的孙辈潘某与他相识，潘启七世孙香港建筑师学会会长潘祖尧与莫伯治也有交往，可能出于以上原因，莫伯治拿到了这个历史学界少见的珍贵史料。

四

潘有度（1755—1820 年）成为"潘启官二世"后，无意成为商总。在官方强大压力之下，他仍以资格不够推脱。

潘有度按潘启的原定计划进行活动，可以靠父亲留在国内的小部分资金安心守势，另外腾出手来经营其花园建设。

1796 年，总商蔡世文"赔累过甚"，吞鸦片自杀，潘有度无法推辞，只好接任总商。当时，连嘉庆皇帝也觉得找不到比潘有度更好的商首了。

1799 年，佶山任粤海关监督，之前查抄和珅的任务由他完成，可见嘉庆对他的信任。

佶山到任后对技术很感兴趣，让潘有度对绒布类商品免收行用进行说明。潘有度解释，绒布类商品无利可图，经常会有百分之二十的损失，无法收取行用，说的有理有据。但佶山显然对如此多的专业信息很不高兴。

嘉庆六年（1801 年），北京永定河水灾。佶山要求全体洋商捐款 25 万两，其中潘有度捐了 5 万。不久佶山无端要潘有度再出 50 万两，并非常强势地说如果不交就上奏皇帝。潘有度与族人商议后决定，再捐 10 万，绝不再多。

佶山恼羞成怒，写奏折上报。广东总督、巡抚均对佶山如此处理表示了不满，佶山无奈，派人半道拦截奏折。

不久，新任粤海关监督三义助到任，退回潘有度十万。佶山离任，广州商界无一人送行。

佶山与潘有度之间的发生的事估计很多，朝廷碍于脸面，没有公开而已。作家祝春亭写作长篇小说《大清商埠》时，曾多方搜集潘家资料，"找到零零散散加起来只有 3000 来字的内容"。

嘉庆九年(1804 年)，坊间出现一本名叫《蜃楼志》的小说，讲的是粤海关监督赫广大压迫商总苏万魁的事，明显是影射佶山与潘有度的关系。我们不妨引用《蜃楼志》的片段看看潘有度经受了怎样的压迫：

监督粤海关税赫为晓谕事：照得海关贸易，内商涌集，外舶纷来，原以上筹国课，下济民生也。讵有商人苏万魁等，蠹国肥家，瞒官舞弊。欺鬼子之言语不通，货物则混行评价；度内商之客居不久，买卖则任意刁难。而且纳税则以多报少，用银则纹贱番昂，一切羡余都归私橐。本关部访闻既确，尔诸商罪恶难逃。但不教而诛，恐伤好生之德，旬自新有路，庶开赎罪之端。尚各心回，毋徒脐噬。特谕。

万魁心中一吓，暗地思量打点。不防赫公示谕后，即票差郑忠、李信，将各洋商拘集班房，一连两日并不发放。这洋商都是有体面人，向来见督、抚、司、道，不过打千请安，垂手侍立，着紧处大人们还要留茶赏饭，府、厅、州、县看花边钱面上，都十分礼貌。今日拘留班房，虽不同囚徒一般，却也与官犯无二。

…………

赫公冷笑道："很晓得你有百万家财，不是愚弄洋船、欺骗商人、走漏国税，是哪里来的？"万魁道："商人办理洋货十七年，都有出入印簿可拐，商人也并无百万家资，求大人恩鉴。"赫公把虎威一拍，道："好一个利口的东西！本关部访闻已确，你还要强辩么？掌嘴！"

潘有度两次辞职，刻意不培养儿子经商。他的儿子潘正亨对东印度公司的人说："宁为一条狗，不为洋商首。"可见《蜃楼志》的描述与真相距离不远。

1839 年，林则徐禁烟期间，曾将"潘启官三世"潘正炜与伍秉鉴套上锁链，以此逼迫他们的英国朋友鸦片商颠地出面，颠地闭门不出，18 世纪的全球首富潘家与 19 世纪的全球首富伍家代表，受到的真实待遇如此模仿了小说《蜃楼志》的虚构情节。

也许需要多说一句，潘家在任何中外历史文献中与鸦片生意无关，倒是有记载其他鸦片商邀他入股，被拒绝。

十年后的道光十九年（次年1840年爆发鸦片战争），国事糜烂至无可收拾。林则徐在《办理禁烟不能歇手》折中痛心疾首地说，道光元年至今，粤海关已经征收银子三千万两，十分之一拿来买炮舰，今天不至于如此。道光帝的朱批是："一派胡言。"

曾经读过一篇名叫《囚徒嘉庆》的文章，从这个角度看，道光不也是一个囚徒吗?

十三行行商，除了潘家和伍家，几乎全军覆没。到最后行商从业者也仅仅留下了外语与经商技艺，从此在全国各大城市的洋行里成为买办。

世间已无伍秉鉴

一

2001年，伍秉鉴被华尔街日报亚洲版列为一千年来世界上最富有的五十人之一。此次，一共有六名中国人上榜，分别是成吉思汗、忽必烈、刘瑾、和珅、伍秉鉴和宋子文。此文颇不严谨，宋子文的所谓"富裕"已被中外学者证实为战时日本捏造的谣言。

伍秉鉴（1769—1843年），又名伍敦元，祖籍福建泉州晋江安海，生于广州。他的父亲伍国莹曾是十三行总商潘启官的账房先生。

伍秉鉴所创立的怡和行品牌与积累的巨额财富一直是个谜。相关记录很少。伍秉鉴的朋友、美国商人亨特在1882年出版《广州番鬼录》一书，记载了伍秉鉴经商生涯的一些珍贵信息。至今大部分关于伍秉鉴的文字记录，都能看出与此书有关。

首先是关于财富的那段文字：

> 浩官（伍家经商用名）究竟有多少财产，是大家常常谈论的话题；但有一次，因提到他在稻田、房产、店铺、钱庄，以及在美国、英国船上的货物等各种各样的投资，在1834年，他计算一下，共约值2600万元。

这里的2600万元的"元"多被解释为一两银子，据恒慕义主编的《清代名人传略》，这里的"元"应为西班牙银圆。后期称"鹰洋"。

其次是他的豪爽：

> ……W先生的账目和浩官的进行核对，浩官得到有利差额共计7.2万元。而这笔钱，他只收取一张期票，并将其锁在保险箱里。有一天，W先生去拜访他这位中国老友，老友说："你离家这么久了，为什么不回去？"
>
> W先生回答说他不能回去——他无法注销他的票据，只是此事阻碍他。浩官立刻把账房叫来，并命令他把库房内装期票的那个封袋拿来。把W先生的期票拿出，他说：

"你是我的第一号'老友'，你是一个最诚实的人，只不过不走运。"他接着把期票撕碎，将纸片扔进废纸篓，并说："好了！一切取消，你可以走了，请吧。"

　　尽管笔者对 19 世纪国际贸易知之甚少，但根据伍秉鉴的其他商业行为判断，这并不意味着伍秉鉴放弃了债权。因为伍秉鉴经常给他的商人朋友提供赊账、无担保投资。阅读 19 世纪相关经商资料，其实可以得出一个结论，伍秉鉴时代的商业信用与商业道德被我们低估了，而他们所谓经商的诀窍、计谋与布局被我们高估了。刚出版的《黄金圈住地》一书作者也觉得伍秉鉴的慷慨被浪漫化了。伍秉鉴后期投资美国铁路、证券、保险业务，成为世界级的跨国财团，显然他的成功并非仅仅依靠慷慨。

　　伍秉鉴的成功是其品牌的成功。尽管伍家贩卖的武夷茶的质量世界第一，但武夷茶从福建到达广州，要历经山路、陆路与水路，明朝人说"茶性淫，易于染着。无论腥秽有气之物。不得与之近。即名香亦不宜相杂"。据记载，要保证茶叶品质的稳定，茶箱只能由没有味道的枫木制作。这只是诸多技术中的一种。

　　伍秉鉴的全部商业秘密无人知晓。我们知道的是，在欧洲，茶叶包装上有"怡和行"的标志，就会被鉴定为最好的茶叶。

"怡和行"的茶叶最贵，被英国商人和美国商人优先抢购。

以往，任何商业上的成功都还被我们解释为对生产链上从业人员的残酷剥削，越残酷就越成功，仅此而已。而东京大学博士、台湾"中研院"研究员陈慈玉的研究表明，十三行的全球化商业活动，极大提高了福建茶农的收入。

十多年来比尔·盖茨、乔布斯、巴菲特等商业名人让我们对商人的看法稍有改观，并因此对中国商人有更高期待。但实际情况是，比尔·盖茨、乔布斯、巴菲特等人，只是伍秉鉴的后继者。

我们这个民族在很早就有了伍秉鉴这样的商业奇才，令人扼腕的是，清政府并没有善待他与他的品牌。19世纪后半叶，中国茶叶从顶级奢侈品一落千丈，沦落为信誉极差的农产品，就是伍秉鉴去世后不久的事情。

伍秉鉴去世后，中国囤积的大量西班牙银圆，迅速流出。战败之后签订不平等条约并非是最终的失败，清政府的赔款由成色不一的银两支付，换算颇为狼狈。

二

亨特在《广州番鬼录》中说：

浩官的家族，曾经长期在武夷山种茶，大约是1750

年，在限定广州为对外贸易的唯一口岸之后不久，他们才首次到广州来（这是他自己经常对我谈起的）。

这段记忆显然不太准确。

据《伍氏入粤族谱》记载：伍氏入粤的始祖是伍朝凤（1612—1692年），字灿廷，由福建泉州府晋江县安海乡迁至广东省城广州以商业兴家。

伍国莹是伍朝凤之曾孙，字明石，号琇亭。家谱除记述其有四子——秉镛、秉钧、秉鉴、秉镗等简单情况外，无经商具体记述。

《东印度公司对华贸易编年史》则记述了他的有关情况：伍浩官一世在1777年曾售熙春茶100箱、生丝112包给英商，但当时尚未设行成商。

据传说，发家之前，伍国莹在广州街头卖过甘蔗。在广州炎热的街头，四处奔波的潘启官在买甘蔗解渴的时候听出了乡音，于是建议福建小老乡到自己的商铺做事。

伍国莹后来独立创业。浩官的商名取自"伍秉鉴"的小名"亚浩"。

据历史记载，1785年8月17日，美国总统华盛顿托商人在十三行购买的货物清单中就有"一盒散装上等熙春茶"。而这家商行极有可能是伍家的"怡和行"。因为美国商人就是伍家用赊账与各种优惠办法扶持起来的。

有论述认为最初整个美国的经济就是依靠十三行而发展起来，如埃里克·多林写的《美国和中国最初的相遇》一书里讲，美国人建国不久就开始与中国进行热络的商业往来。为了买中国的茶叶，他们几乎砍光了夏威夷和斐济的檀香树，杀光了太平洋上所有的海豹和海獭，他们继续在全世界找海豹，于是发现了南极……

据可信的《黄金圈住地》一书披露，美中毛皮交易的比重没那么高。

表面上，伍国莹打下基础后，伍秉鉴顺利接班，于是成为全球首富。但事实远没有那么简单。

伍国莹创业之路并不简单，最初伍国莹选择进入盐业。

我们从《红楼梦》里可以知道，当时最挣钱的行业无非就是两淮巡盐御史、江宁织造、皇商。曹家就是江宁织造。林如海就是两淮巡盐御史。所以，伍国莹的选择有他的道理。

但隔行如隔山，进入盐业的伍国莹巨亏。在潘启官的帮助下重新进入十三行，但仍不顺利，伍国莹在1787年因一点银钱纠纷，被英国东印度公司一艘船的会计软禁多日。

1788年潘启官去世，东印度公司对他的评价是"彼陷于绝境者多次，然卒能自拔，可见其伟大之魄力与手段"。就是这一年，伍国莹由于经营不善，"欠海关税和其他税捐甚巨"，他做了个惊人决定——携款潜逃。

十三行幸存下来的仅两家商行，潘家因为"其伟大之魄力与手段"存活，伍家因"携款潜逃"而存活。

在清政府贪腐官员敲诈勒索之下，在乾隆为了个人面子，让十三行商人加倍赔付洋人的政策之下，行商纷纷破产。

伍国莹不像其他行商束手就擒、家产被充公拍卖、家人被流放伊犁。他反抗贪腐清朝的举动是史无前例的，固然很有胆色，但也具有极强的不为人知的技术性。

1793 年，伍家重新回到广州十三行。

但伍家从 1788 年至 1792 年之间的这五年神秘经历，无人知晓。

据《暗战 1840》《古代丝绸之路的绝唱：广东十三行》等书猜测，伍家与海盗张保仔有联系。

电影《加勒比海盗 3》中频频出现的中国海盗就是张保仔与郑一嫂。郑一嫂这个今天中国人有点淡忘的女海盗其实一直是国际名人，博尔赫斯专门写过一篇小说《女海盗金寡妇》，原文 The Widow Ching 中的 Ching 显然应该翻译成"郑"。

《黄金圈住地》一书中引用美国商人的看法，认为浩官是一位行事谨慎且胆小怕事的人，他们称他为"the timid young lady"（娇羞娘），显然这些颇具海盗气质的商人们一直眼拙，完全没有发现浩官身上隐藏的真正的海盗气质。

三

在伍秉鉴之前，是他哥哥伍秉钧支撑了伍家。

1793年，伍家结束了逃亡生涯，施施然回到了广州！为了不那么张扬，伍秉钧以"沛官"为商名开始经商。

《东印度公司对华贸易编年史》的作者美国人马士显然不太懂中国国情，他用平淡的语气一笔带过此事：

"'沛官'作为保商首次出现是在1793年，他承保的第一艘船是'印度斯坦号'，后来则在公司交易上占有大的份额。"

在君视民如草芥、民视君如寇仇的乾隆朝，这个犯下重罪的家庭堂而皇之地重新开张，他们承保的"印度斯坦号"是谁的船？是马戛尔尼勋爵的。马戛尔尼勋爵率领了包括这首船的船队去觐见乾隆皇帝。

伍家安全回到广州，并一举做成了全世界最瞩目的承保生意并从此东山再起。这是伍家的第二个谜，至今没有人能解答。

此后伍家"签订茶叶合约及交货则提到沛官，而在处理外交事务时称为浩官"。也许是因为，与外国人交往无所谓，但经商中"浩官"如果被朝廷注销则损失太大，但换商品名会带来一定损失。

潘启官之子潘有度担任总商之后一直推脱。三代培养一个贵族的说法是正确的，其实潘启官二代潘有度已文人化，著述甚多。潘有度之子潘正炜又号听帆楼主人，已是真正的鉴赏家。早就对商业失去了兴趣。

1801 年，伍秉鉴接手总商的位置，也许此时风险已过，他重新启用了"浩官"商名，很显然"浩官"在欧美市场的号召力更强。他虽然是伍浩官二代，但还没有滋生文人气质，很愿意做一个商人。

与潘家的见多识广、语言能力强不同的是，伍家特别会算账。东印度公司员工记得有一次与浩官核对一个大数目钱款的利息，伍秉鉴仅沉思片刻，就心算出一个数目，与东印度公司会计的计算不差分毫。

伍秉鉴对美国商人特别友好，可能也是他估算出来：在目前英国一家独大的国际局面下，美国的崛起对中国更为有利。

亨特记载过一个故事：来自美国 C 船长指挥的船上载有大量水银。当时水银价钱跌得很厉害，货物卸上岸存放在浩官行里，C 船长提出按市价收购。

交易季节即将结束，每天都有新茶到达，水银却无人问津。若以当时的价格售出，所得款额买的茶叶装不满船舱。同时，消息称纽约茶价上涨，可获大利。

C 船长决定不再等待，准备将水银售出尽快"结账"，立即收购茶叶。浩官对他说："老友，你将得到满载的货物回程，我来供贷给你，你可以在下一次付款给我——你不必烦恼。"

一切都安排妥当，船开始装货。结果装到一半时，浩官通知船长说，由于北方各省商人突然急需大量水银，所以他按照目前的价格清算这批货物。由于承托人方面的这一慷慨行为，使 C 船长得以满载货物而归。

伍秉鉴这种对他人极为有利的"算账"方法，轰动了波士顿、纽约和其他美国港口，他成为在美国知名度最高的中国人。

其实，伍秉鉴本人就是东印度公司的债权人。他讲信用，他也与讲信用的人来往。谁有信用谁没有信用他一目了然，这种"计算"能力应该无人能及。他不仅为在伊犁流放的茶商提供生活费，还提供大量的借款给仍在广州的十三行商人。

四

世界并不平静。中国特有的高品质茶叶是十三行的核心产品，中国独享此丰厚利润长达百年，全世界植物学家都试图引种茶叶，包括当时最伟大的植物学家林奈。

"1843 年 7 月 6 日，从英国启程四个月后，中国的海岸第一次进入到我的视线当中。"这是英国茶叶大盗福琼在他的《两访中国茶乡》一书中的第一句。

据学者胡文辉考证，早在 17 世纪末，德国博物学家、医生 A. 雷克已从日本将茶籽带到爪哇，并培育成功；19 世纪前期，荷兰人贾克布森六赴中国，最后一次更在清政府悬赏其首级的情形下，带回七百万颗茶籽和15名工人，成就了爪哇的茶业。即便在英国人这边，在福琼的中国行之前近20年，乔治·詹姆斯·高登、查理斯·加尔夫（传教士）就已得到总督威廉·班庭克的强力支持，赴华并购买到大批武夷山茶籽了。

1834年4月21日，英国茶叶委员会派委员会秘书高登前往福建采集茶籽，运回印度种植。

叶檀在《250年前的中国首富》一文中披露，英国重金聘请中国茶农去阿萨姆传道授业。中国商人进行了血腥的抵抗，首批前往阿萨姆的17名中国茶农全部被刺杀。

有学者猜测，这次暗杀活动，一定是在国际贸易中长期保持警惕心，有能力策划并实施的人，显然非伍秉鉴莫属。在颟顸无能、醉心贪腐的政府之外，伍秉鉴的眼线遍布东南亚，维持着国家的财政收入。

1836年，阿萨姆生产出首批红茶。

1839年1月10日，阿萨姆茶在伦敦的民辛巷（Mincing Lane）拍卖。

1840年，鸦片战争爆发。1842年南京条约签订。十三行歇业。

1843年，伍秉鉴去世。五口通商口岸中有厦门、福州。英国的自由商可直接去福建茶山与茶农交易。价格当然比之前十三行的茶叶便宜很多。在茶山上，除了商人，随之而来的还有福琼。

他什么都见到了：茶农为了赚取眼前利益，"绿茶染色，红茶掺土"，更有甚者，一种叫"绿茶阴光"的假茶，里面掺和滑石粉。

据周重林《茶叶战争》介绍，这个制茶"机密"被福琼披露后，华茶被驱逐出英国市场，厦门茶更成了低劣的代名词。福建茶的价格已经低到印度茶价的25%。

中国茶没有了"怡和行"这个品牌，从此沦落为农副产品。

1877年，胡秉枢撰《茶务佥载》，他仍对西方人不喜滑石粉颇有微词，认为在绿茶中加这点料是必须的程序。他提供的注意事项则是"看紧掌秤人"之类秘诀。伍秉鉴去世仅三十年后，中国茶的生产理念已衰落至喋喋不休的抱怨了。

1910年，上海《大同报》主笔英国人高葆真总结了华茶由盛而衰的原因，林林总总，其实不妨一言以蔽之——世间已无伍秉鉴。今天，总有人问为何七万家中国茶企不敌一家立顿，答案亦复如是。

图书在版编目（CIP）数据

茶叶侦探 / 曾园著 . -- 成都：四川人民出版社，
2018.11（2019.4 重印）

ISBN 978-7-220-11044-3

Ⅰ. ①茶… Ⅱ. ①曾… Ⅲ. ①茶文化—中国—通俗读
物Ⅳ. ① TS971.21-49

中国版本图书馆 CIP 数据核字 (2018) 第 242277 号

本书中文简体版权归属于银杏树下（北京）图书有限责任公司

CHAYE ZHENTAN

茶叶侦探

曾园 著

选题策划	后浪出版公司
出版统筹	吴兴元
编辑统筹	梅天明
特约编辑	李夏夏
责任编辑	李淑云　熊　韵
装帧制造	墨白空间・黄　海
营销推广	ONEBOOK
出版发行	四川人民出版社（成都槐树街 2 号）
网　址	http://www.scpph.com
E－mail	scrmcbs@sina.com
印　刷	北京盛通印刷股份有限公司
成品尺寸	143mm×210mm
印　张	6
字　数	108 千
版　次	2018 年 11 月第 1 版
印　次	2019 年 4 月第 2 次
书　号	978－7－220－11044－3
定　价	39.80 元